U0250788

作品赏析

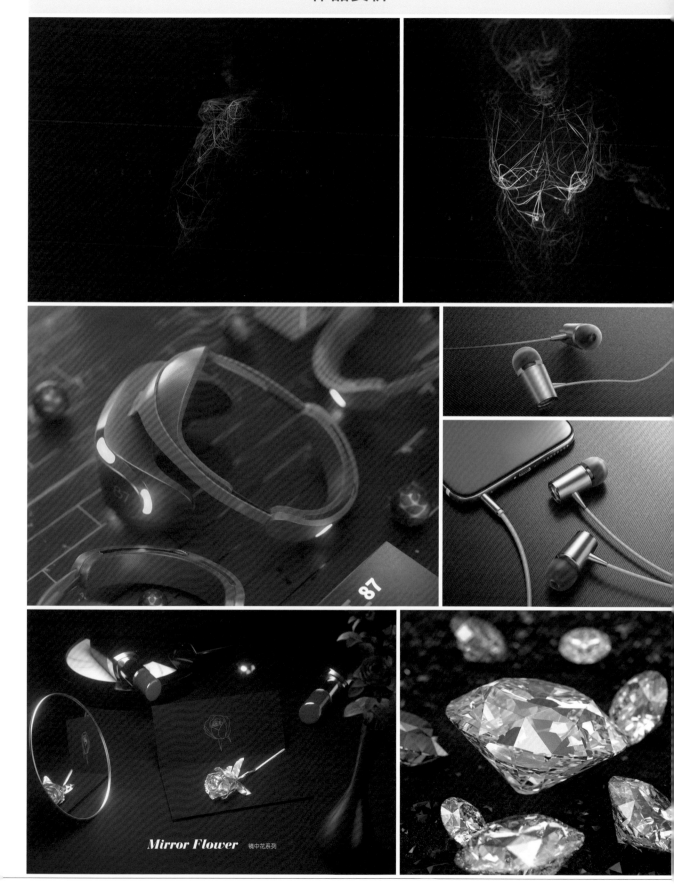

Mirror Flower 镜中花系列

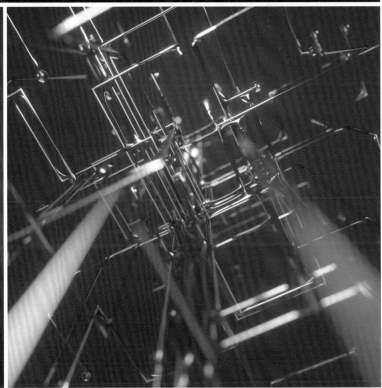

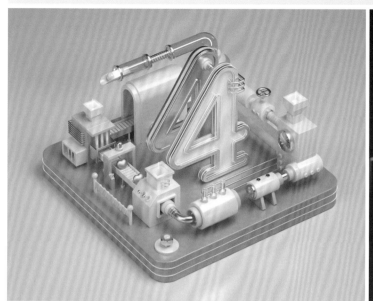

精彩案例

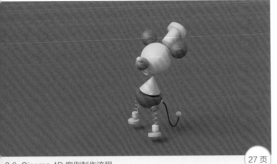

2.6 Cinema 4D 案例制作流程　　　　　27 页

3.1 折扣宣传文字的制作　　　　　40 页

3.3 旋转样条文字的制作　　　　　65 页

3.2 变形文字的制作　　　　　48 页

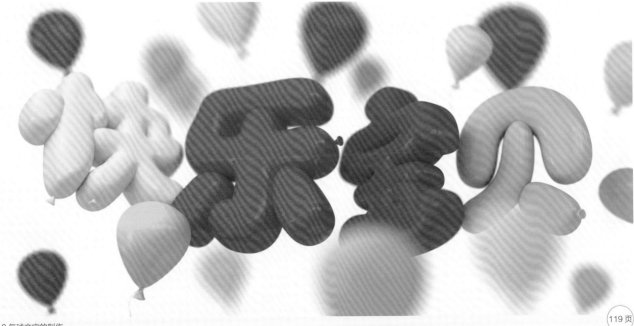

3.8 气球文字的制作　　　　　119 页

精彩案例

3.4 虚线文字的制作 69 页

3.9 霓虹灯管字的制作 126 页

4.2 卡通小船模型 151 页

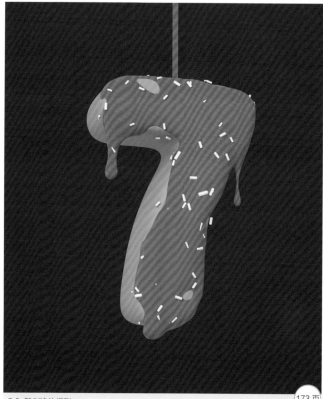

5.3 雕刻流体模型 173 页

3.5 C4D 在线教室封面的制作 82 页

5.1 样条毛发效果 162 页

5.2 使用运动图形制作彩条元素 168 页

6.1 常见静物模型材质调节 180 页

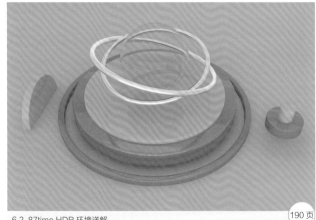

6.2 87time HDR 环境详解 190 页

7.1 绽放的蓝紫色水晶花

200 页

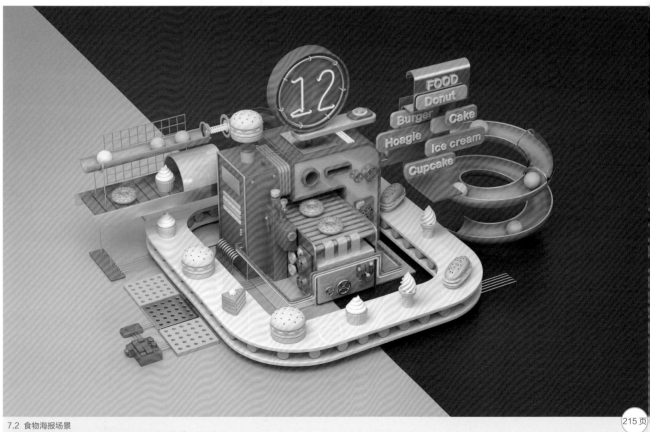

7.2 食物海报场景

215 页

新印象
NEW
IMPRESSION

中文版 **CINEMA 4D R19**
建模 / 灯光 / 材质 / 渲染
技术精粹与应用

87time 编著

87TIME C4D PS DESIGN

人民邮电出版社
北 京

图书在版编目（CIP）数据

新印象 : 中文版CINEMA 4D R19建模/灯光/材质/渲染技术精粹与应用 / 87time编著. -- 北京 : 人民邮电出版社, 2019.8（2019.9重印）
ISBN 978-7-115-50836-2

Ⅰ. ①新… Ⅱ. ①8… Ⅲ. ①三维动画软件 Ⅳ. ①TP391.414

中国版本图书馆CIP数据核字(2019)第037413号

内 容 提 要

这是一本讲解Cinema 4D各项核心技术及运用的三维设计教程。

全书共7章，第1～2章介绍了Cinema 4D行业应用、软件基础知识与工作流程等，第3～5章展示了各种模型（文字模型、卡通模型和特效模型等）的制作方法和过程，第6章讲解了Cinema 4D常见材质及环境的调节方法，第7章演示了两个综合应用案例的制作过程。在阅读本书时，读者可以结合配套的教学视频进行学习。

本书适合电商设计师、平面设计师和网页设计师学习，同时也可以作为相关培训机构的教材。

◆ 编　　著　87time
　　责任编辑　孟飞飞
　　责任印制　马振武

◆ 人民邮电出版社出版发行　　北京市丰台区成寿寺路 11 号
　　邮编　100164　电子邮件　315@ptpress.com.cn
　　网址　http://www.ptpress.com.cn
　　北京东方宝隆印刷有限公司印刷

◆ 开本：787×1092　1/16
　　印张：14.75　　　　　　　　彩插：4
　　字数：499 千字　　　　　　　2019 年 8 月第 1 版
　　印数：3 501—5 000 册　　　　2019 年 9 月北京第 2 次印刷

定价：89.00 元
读者服务热线：(010)81055410　印装质量热线：(010)81055316
反盗版热线：(010)81055315
广告经营许可证：京东工商广登字 20170147 号

前言

　　Cinema 4D依靠易学易用、强大高效的特性，逐渐成为电商设计和平面设计中必备的软件之一。87time工作室从事Cinema 4D教育工作已有7年时间，是国内较早录制免费Cinema 4D教程的机构。从最初的动态视频教育，到如今的电商平面设计，87time工作室以浅显易学的教学内容、生动活泼的教学方式得到了广大网友的好评和赞誉。87time工作室通过各大企业、电视台和电商等项目制作的长期经验积累，将Cinema 4D在平面设计领域中的运用技巧和培训心得做了一个总结，将涉及的工作项目和培训过程中的反馈进行汇总，精心挑选出多个具有实用价值的案例作为本书的主要内容。希望通过阅读本书，让第一次接触Cinema 4D的读者能真正学会运用软件创作出属于自己的作品。

　　本书具有以下特点。

　　第一，不做单纯的"帮助"文档翻译，本书中的所有重要命令都结合实际案例进行讲解，让读者能真正掌握每个命令的具体作用和使用技巧。

　　第二，不做单纯的案例教学，通过案例前的设计思路分析和案例中各个步骤的详细讲解，使读者知其然并知其所以然，在学习后可以举一反三，创作出不一样的作品。

　　第三，配套教学视频详细记录了整个案例的操作过程，通过将教学视频与图书相结合，让读者学习起来更加轻松、高效。

　　第四，加入专门设置的读者群，读者可以和学习本书的其他广大网友共同讨论交流，同时，我们也会在群里尽力为大家解答在阅读学习过程中遇到的难题，并会不断地为读者带来更加优秀的学习内容和设计作品。

　　我们衷心希望本书能为读者带来良好的学习内容和学习体验，让刚接触Cinema 4D的新朋友能够快速入门，掌握使用Cinema 4D制作作品的流程和方法，同时也希望能给对Cinema 4D有一定了解，想系统深入学习的设计师带来更多的参考和启发。我们希望读者能把本书当作一个参考，而不是一个标准答案，制作出更多优秀的作品。同时我们也希望，有更多的高人和前辈看到本书之后，对我们的不足给予指正。

　　感谢人民邮电出版社数字艺术分社的大力帮助和支持，同时感谢支持87time工作室的所有学员和网友，以及87time工作室中负责编写本书的李典、黄彬、思睿和张言堂。

87time

2018年12月

资源与支持

本书由数艺社出品，"数艺社"社区平台（www.shuyishe.com）为您提供后续服务。

配套资源

所有案例素材+案例源文件
所有案例的在线教学视频
基础操作的演示视频

资源获取请扫码

"数艺社"社区平台，为艺术设计从业者提供专业的教育产品。

与我们联系

我们的联系邮箱是 szys@ptpress.com.cn。如果您对本书有任何疑问或建议，请您发邮件给我们，并请在邮件标题中注明本书书名及ISBN，以便我们更高效地做出反馈。

如果您有兴趣出版图书、录制教学课程，或者参与技术审校等工作，可以发邮件给我们；有意出版图书的作者也可以到"数艺社"社区平台在线投稿（直接访问 www.shuyishe.com 即可），如果学校、培训机构或企业想批量购买本书或数艺社出版的其他图书，也可以发邮件给我们。

如果您在网上发现针对数艺社出品图书的各种形式的盗版行为，包括对图书全部或部分内容的非授权传播，请您将怀疑有侵权行为的链接通过邮件发给我们。您的这一举动是对作者权益的保护，也是我们持续为您提供有价值的内容的动力之源。

关于数艺社

人民邮电出版社有限公司旗下品牌"数艺社"，专注于专业艺术设计类图书出版，为艺术设计从业者提供专业的图书、U书、课程等教育产品。领域涉及平面、三维、影视、摄影与后期等数字艺术门类；字体设计、品牌设计、色彩设计等设计理论与应用门类；UI设计、电商设计、新媒体设计、游戏设计、交互设计、原型设计等互联网设计门类；环艺设计手绘、插画设计手绘、工业设计手绘等设计手绘门类。更多服务请访问"数艺社"社区平台www.shuyishe.com。我们将提供及时、准确、专业的学习服务。

目录

Cinema 4D简介
与行业应用

本章带领读者认识 Cinema 4D，了解它的特点及优
势，比较它与其他三维软件的不同，通过展示一系列国
内外的优秀平面作品，让读者了解 Cinema 4D 在不同的
平面设计领域中所发挥的作用。通过本章的学习，读者
会了解到为什么 Cinema 4D 会在短时间内成为众多平面
设计师的宠儿。

1.1 Cinema 4D简介

Cinema 4D简称为C4D，虽然直译是"4D影院"，但它其实是一款由德国MAXON公司出品的优秀三维软件。

Cinema 4D从其前身FastRay于1993年正式被更名后至今已有26年，目前最新版本为R20。Cinema 4D有着强大的功能和扩展性，而且操作极为简易，一直是国外视频设计领域中的主流应用软件。随着Cinema 4D功能的不断加强和更新，它的应用范围也越来越广，包括影视制作、平面设计、建筑包装和创意图形等行业。

Cinema 4D进入国内并被大家所熟识时大约是在R10～R11版本，因其强大的运动图形功能和渲染速度，被越来越多的制作者应用于工作中。由于Cinema 4D上手简单易学，操作界面简单友好，并且还有官方中文版本，于是越来越多的人选择这款软件。

近几年来，三维设计逐渐成了主流设计风格之一，于是国内使用Cinema 4D的制作者不断增多。而且随着近年来电商发展的火热，一些优秀的平面设计师开始尝试使用Cinema 4D结合三维图形和平面图像来实现更加生动立体的视觉表现。如今，Cinema 4D已经成了设计行业中的主流软件之一，越来越多的平面设计师开始使用Cinema 4D，制作出了更多不同风格的作品。

图1-1所示为几幅优秀的Cinema 4D视觉表现案例。

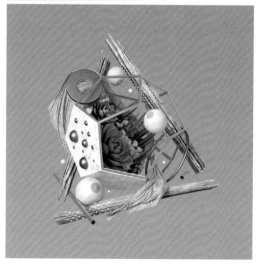

图1-1

1.2 Cinema 4D的特点

Cinema 4D相比其他三维软件有什么优势呢？下面为大家详细介绍Cinema 4D的四大优势。

1.2.1 简单易学

Cinema 4D软件的界面整齐、简洁，每个命令都配以生动形象的图标，并用不同的颜色标明了不同的模块。即便是完全没接触过此类软件的初学者，通过图标也能很快地明白它代表的命令，图形化的思维模式有利于我们的学习和创作。

Cinema 4D的学习周期相较于其他三维软件要短很多。学习过相关三维软件的人员用一个月左右的时间就能快速掌握，并可应用于实际工作中。零基础的新手学习周期也只需要大约2~3个月，相对于3ds Max和Maya这些需要学习半年甚至更长时间的软件而言，学习Cinema 4D能节省不少时间成本，让初学者以最快的速度把学习成果应用到实际工作中。

本书采用全案例教学，使读者从接触Cinema 4D的第一天起就通过案例进行学习，边学边练更容易掌握。

1.2.2 调节方便

Cinema 4D强大的运动图形可以把制作者的想象发挥到极致，将类似矩阵式的制图模式变得极为简单、有效和方便。一个单一的物体，经过奇妙地排列组合，在各种效应器的帮助下会产生不可思议的效果。

动力学系统和毛发系统功能强大且操作简单。用户不需要掌握编程等复杂的技术，只需要进行简单的图形操作，就可以制作出精美的动力学效果和毛发效果。

1.2.3 渲染智能

快速智能的渲染能让制作者感受到轻松渲染带来的魅力，提高工作效率。近几年，流行的众多GPU渲染插件，由于其强大的功能，已不需要制作者去记忆复杂的渲染参数。

1.2.4 卓越升级

随着雕刻系统、角色系统、运动追踪和Houdini引擎的不断更新，强大的功能也减小了工作难度。

1.3 Cinema 4D在平面行业中的应用

近年来，Cinema 4D在平面行业中的应用逐渐广泛，电商设计、网页设计、视觉设计、角色设计、宣传海报设计和UI设计等行业都有涉及，因此Cinema 4D也逐渐成了平面行业必须要学习的软件之一。

1.3.1 海报

传统海报中的合成透视和光影都是制作的难点，而三维软件中的透视就像现实中的一样，是通过场景自带的透视关系，模拟现实的光源，让作品有正确的透视关系和细腻的光影，增加作品的真实感。图1-2和图1-3所示的是两张不错的海报作品。

图1-2

图1-3

1.3.2 电商

大到复杂的城市场景，小到细腻的产品展示，若是使用传统平面软件进行制作会消耗大量的精力与时间，而使用三维软件则会更加高效。图1-4和图1-5所示的是两张优秀的电商展示作品。

图1-4

图1-5

1.3.3 网页

国外的三维网页设计，巧妙地结合了实物与三维几何，给网站带来了全新的观感，增加了网站的观赏性。图1-6和图1-7所示的是两幅优秀的网页设计效果。

图1-6

图1-7

1.3.4 角色

三维卡通角色的表现效果并不一定比二维的好，如宫崎骏就创作出众多深入人心的二维卡通角色，但三维卡通角色更具像，给人一种更真实的感觉。图1-8~图1-10所示的是3幅优秀的角色表现效果。

图1-8

图1-9

图1-10

1.3.5 视觉创意

使用Cinema 4D能制作出众多特效与各类材质,如毛发效果、烟雾效果、流体效果、水晶、宝石和木头等。用户通过Cinema 4D可以把能想象到的东西和材质进行天马行空的组合,如羽毛与烟雾、水形绽放的花、异形的彩色宝石和用薯条制作的鞋子等,让用户的创意不再受限制。图1-11~图1-16所示的是6幅优秀的视觉创意效果图。

图1-11

图1-12

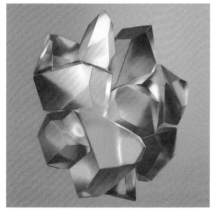

图1-13

图1-14

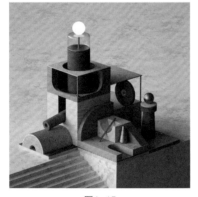

图1-15

图1-16

通过以上效果的展示,我们可以看到Cinema 4D能制作出各种各样的视觉表现。从现在开始,打开软件,跟随书中案例的讲解,一步步进入Cinema 4D的世界。

第 2 章

基础知识
与工作流程

本章讲解 Cinema 4D 的基础知识与工作流程。通过对本章的学习，读者可以掌握 Cinema 4D 的模型、灯光、材质和渲染的基础知识，也可以了解 Cinema 4D 的工作流程。

2.1 Cinema 4D的工作界面与初始设置

视频名称：2.1 Cinema 4D的工作界面与初始设置

首次接触一个新软件时，会比较生疏，不知道如何下手，这就需要我们了解Cinema 4D工作界面中各部分的用途。Cinema 4D的工作界面包含10个部分，如图2-1所示。

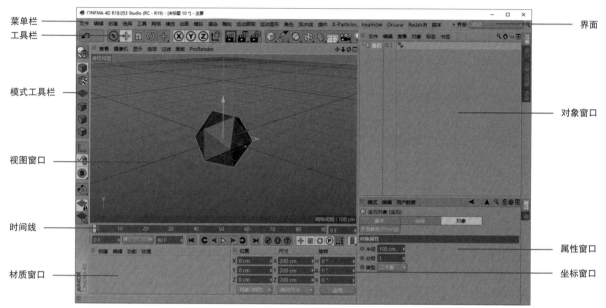

图2-1

2.1.1 菜单栏

Cinema 4D的菜单栏与Photoshop和Illustrator的菜单栏相似，几乎所有的命令都可以在菜单栏中找到。菜单栏的上面是Cinema 4D软件的版本号（如R19.053）和工程文件的名称，如图2-2所示。

CINEMA 4D R19.053 Studio (RC - R19) - [未标题 10 *] - 主要

文件 编辑 创建 选择 工具 网格 捕捉 动画 模拟 渲染 雕刻 运动跟踪 运动图形 角色 流水线 插件 X-Particles RealFlow Octane Redshift 脚本

图2-2

2.1.2 工具栏

Cinema 4D的"工具栏"集成了常用的一些工具与命令，如"移动工具""旋转工具""摄像机"和"灯光"等，如图2-3所示。

图2-3

重要参数介绍

撤销 ↩：进行撤销操作。

重做 ▨：进行重做操作。

框选工具 ▧：用于选择对象，按住鼠标会弹出下拉菜单。

移动工具 ✛：对物体进行移动。

缩放工具 ▤：对物体进行缩放。

旋转工具 ◎：对物体进行旋转。

最近使用命令 ✛：默认显示用户正在使用的工具或命令。

X轴 Ⓧ：对x轴进行锁定、解锁（通常默认，无须操作）。

Y轴 Ⓨ：对y轴进行锁定、解锁（通常默认，无须操作）。

Z轴 Ⓩ：对z轴进行锁定、解锁（通常默认，无须操作）。

坐标系统 ▣：切换世界与局部坐标系统。

渲染活动视图 ▧：在选中的视图中进行渲染。

渲染到图片查看器 ▨：渲染场景到图片查看器。

编辑渲染设置 ▧：打开"渲染设置"面板，设置渲染参数。

立方体 ▣：创建立方体对象，按住鼠标会弹出下拉菜单。

画笔 ▨：样条的顶点绘制与操作工具，按住鼠标会弹出下拉菜单。

细分曲面 ▨：增加细分曲面对象，按住鼠标会弹出下拉菜单。

阵列 ▨：增加阵列对象，按住鼠标会弹出下拉菜单。

扭曲 ◎：增加扭曲对象，按住鼠标会弹出下拉菜单。

地面 ▤：增加地面对象，按住鼠标会弹出下拉菜单。

摄像机 ▨：增加摄像机对象，按住鼠标会弹出下拉菜单。

灯光 ▨：增加灯光对象，按住鼠标会弹出下拉菜单。

2.1.3 模式工具栏

　　"模式工具栏"与"工具栏"相似，在模式工具栏中可以切换模型的点、线和多边形的模式，调整纹理、轴心和捕捉工具等。读者可以将"模式工具栏"与"工具栏"统一理解为一些常用工具和命令的快捷方式的集合，如图2-4所示。

重要参数介绍

转为可编辑对象 ▨：把参数对象转换为可编辑对象。

模型 ▣：使用模型模式。

纹理 ▨：使用纹理模式。

工作平面 ▨：使用工作平面模式（通常默认，无须操作）。

点 ▨：使用点模式。

边 ▨：使用线模式。

多边形 ▨：使用多边形模式。

启用轴心 ▙：启用轴心修改。

微调 ▨：可以快速调节多边形的对象模式（通常默认，无须操作）。

独显 ▨：对物体进行单独显示操作。

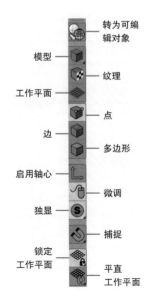

图2-4

捕捉：启用或关闭捕捉工具。

锁定工作平面 ：锁定工作平面（通常默认，无须操作）。

平直工作平面 ：平直工作平面（通常默认，无须操作）。

> **提示** 将鼠标移动到命令按钮上不动，就会弹出这个命令按钮的名称、快捷键和功能提示。例如，将鼠标移动到"渲染活动视图"按钮上时，就会弹出图2-5所示的提示。

图2-5

2.1.4 视图窗口

"视图窗口"是编辑与观察模型的主要区域（默认为透视图），如图2-6所示。单击鼠标中键，即可在单独视图和四视图之间进行切换。

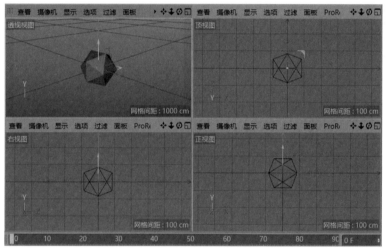

图2-6

> **提示** Cinema 4D的视图操作都基于Alt键：Alt+鼠标左键=旋转，Alt+鼠标中键=移动，Alt+鼠标右键=缩放、远近推拉。

2.1.5 对象窗口

"对象窗口"中会显示场景中所有的对象，也会清晰地显示各对象之间的层级关系。这是一个选项卡窗口，其中包含了"场次""内容浏览器"和"构造"3个选项卡窗口，"对象"窗口的使用频率较高，如图2-7所示。

图2-7

2.1.6 属性窗口

"属性窗口"可以显示和调整所有对象、工具和命令的参数属性，如图2-8所示。它也是一个选项卡窗口，包含"层"窗口。

图2-8

2.1.7 时间线

"时间线"是控制动画相关调节的面板，如图2-9所示。

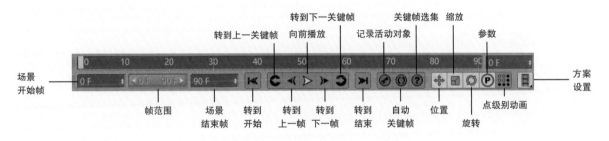

图2-9

重要参数介绍

场景开始帧：通常都使用0。

帧范围：显示窗口关键帧的范围，当前为0~90帧的范围。

场景结束帧：场景最后的关键帧。

转到开始：跳转到开始帧的位置。

转到上一关键帧：跳转到上一个关键帧。

转到上一帧：跳转到上一帧。

向前播放：正向播放动画。

转到下一帧：跳转到下一帧。

转到下一关键帧：跳转到下一个关键帧。

转到结束：跳转到最后一帧的位置。

记录活动对象：单击按钮后，记录选择对象的关键帧。

自动关键帧：单击按钮后，自动记录选择对象的关键帧。

关键帧选集：设置关键帧选集对象。

位置：控制是否记录对象的位置信息。

缩放：控制是否记录对象的缩放信息。

旋转：控制是否记录对象的旋转信息。

参数：控制是否记录对象的参数层级动画。

点级别动画：控制是否记录对象的点层级动画。

方案设置：设置回放比率。

2.1.8 材质窗口

"材质窗口"是场景材质球的管理窗口，双击空白区域即可创建材质球，如图2-10所示。

双击材质球，即可弹出"材质编辑器"面板，在此窗口中可以调节材质的各种属性，如图2-11所示。

图2-10

图2-11

2.1.9 坐标窗口

"坐标窗口"用于调节物体在三维空间中的坐标，如图2-12所示。

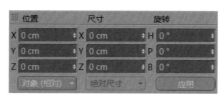

图2-12

2.1.10 界面

软件工作界面的右上角有一个"界面"选项，如果不小心打乱了Cinema 4D的界面，选择"Standard"（标准）选项即可恢复到默认界面，如图2-13所示。

图2-13

📁 技术专题：Cinema 4D的初始设置

为软件设定一个默认的初始设置，可以方便工作。单击"编辑"菜单找到"设置"选项，如图2-14所示。

在"用户界面"选项中，可以切换软件的界面语言（如果此选项是空的，说明在安装时没有选择语言包的选项，重新安装语言包即可）。

"界面"选项通常使用"暗色调",书中为了印刷清晰使用了"明色调"。

"高亮特性"是R19版本的新功能,在界面中显示为黄色的亮框,这里选择"关闭"选项。

"GUI字体"选项可以更改软件界面的文字,一般使用默认即可。展开前方的小三角按钮后,可以设置软件界面的字体和字号的大小,一般设置为11~16。所有设置在下一次打开软件时生效,如图2-15所示。

图2-14

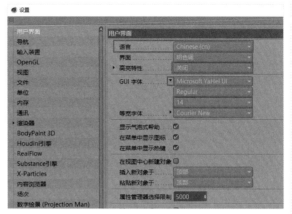

图2-15

"自动保存"用于设置工程文件多长时间就自行保存一次,以防断电或软件卡死等造成文件丢失,如图2-16所示。笔者强烈建议大家养成手动保存的习惯。

如果把参数设置乱了想要恢复到默认的状态,可以单击左下角的"打开配置文件夹"按钮,如图2-17所示,在弹出的窗口中删除所有文件,再次打开软件就会恢复到软件的初始状态。

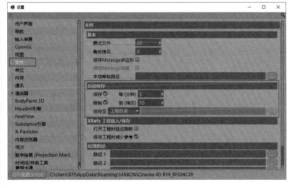

图2-16

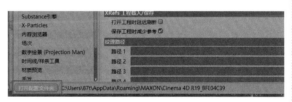

图2-17

2.2 模型与变形器

学习了Cinema 4D的基础界面,下面我们来学习模型与变形器内容。通过这节的学习,读者能够了解在Cinema 4D中创建各式各样的模型的方法。

2.2.1 参数化对象

Cinema 4D的参数化对象多数为几何体,如图2-18所示。所谓参数化对象,就是指可以依靠参数来调节物体的外形,如"圆柱" 。

图2-18

图2-19所示的是"圆柱"的默认形态，在"属性窗口"中找到相关属性参数即可调节圆柱的外形。这里我们调节了"圆角""分段"和"半径"的参数，如图2-20所示。

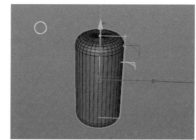

图2-19　　　　　　　　　　　　　　　　　　　　　　　　图2-20

别看几何体简单，将它们进行不同的组合，就可以创造出许多不同的物体。2.6小节案例中的小老鼠就是使用不同的几何体完成的，如图2-21~图2-23所示。

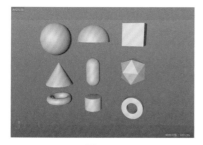

图2-21　　　　　　　　　　　图2-22　　　　　　　　　　　图2-23

2.2.2 生成器

只依靠几何体及配合它们的参数调节所组成的模型，仍然无法完成许多效果，这就需要加入"生成器"与"变形器"。

"生成器"图标为绿色，一般作为物体的父层级使用，如图2-24所示。

图2-24

例如，创建出一个"阵列"生成器 ，把刚刚创建的"圆柱"作为"阵列"的子层级，这样就将圆柱排列成了阵列形态，如图2-25和图2-26所示。

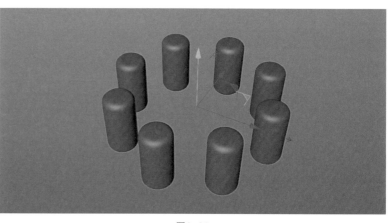

图2-25　　　　　　　　　　　　　　　　　图2-26

在此阵列形态上，还可以继续创建其他的生成器。例如，再创建一个"晶格"生成器 晶格，然后把刚才的整个阵列形态作为"晶格"的子层级，层级关系如图2-27所示，效果如图2-28所示。

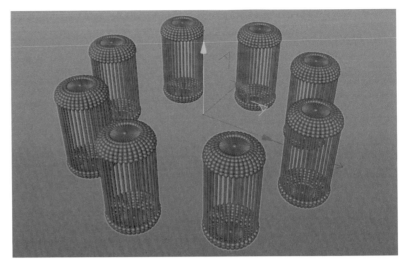

图2-28

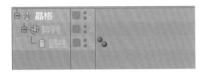

图2-27

每个生成器都可以设置不同的参数进行调节。例如，把"圆柱半径"与"球体半径"都调节为1cm，参数设置及效果如图2-29和图2-30所示。

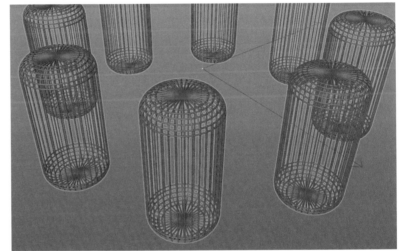

图2-30

图2-29

2.2.3 变形器

了解了"生成器"，下面我们接着学习"变形器"。"变形器"图标通常为蓝紫色，作用于物体的子层级或同层级，如图2-31所示。

还是以"圆柱"为对象，设置"高度分段"为20，如图2-32所示。要对模型进行形变，模型需要有足够的分段来支持，所以需要为模型增加分段。

图2-31

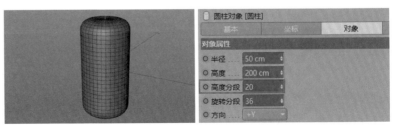

图2-32

选中修改后的圆柱，然后加入"膨胀"  变形器，把它作为"圆柱"的子层级，如图2-33所示。

对膨胀的"强度"进行调节，此时圆柱就产生了膨胀的效果，如图2-34所示。

图2-33

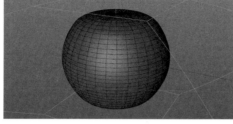

图2-34

再增加一个"爆炸" 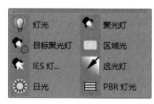 变形器，作为"圆柱"的子层级，如图2-35所示。调节爆炸"强度"为3%，可得到图2-36所示的效果。与"生成器"相同，一个物体同样可以有多个"变形器"。

图2-35

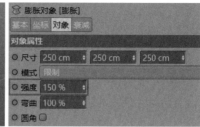

图2-36

2.3 光与影

视频名称：2.3 光与影

图2-37所示的是Cinema 4D自带的灯光工具，最常用的是"灯光"和"区域光"工具。

为了更方便地调节光影，作者制作了灯光的预设——"09点光"与"10目标区域光"。预设文件为87 hdr.lib4d，直接复制此文件到 MAXON\Cinema 4D R19\library\browser 文件夹里面即可。从"内容浏览器"中就可以找到相关的预设文件，如图2-38和2-39所示。

图2-37

图2-38

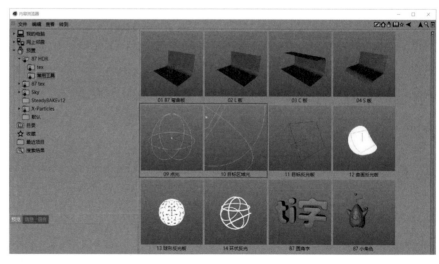

图2-39

2.3.1 点光

"09点光"的圈控制着灯光的衰减，也就是照射的范围。圈越小影响的范围越小，圈越大影响的范围越大，如图2-40和图2-41所示。

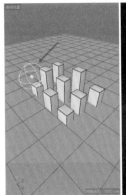

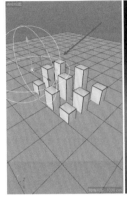

图2-40

图2-41

在点光的"投影"选项中，"水平精度"数值越小，阴影越虚，如图2-42所示；"水平精度"数值越大，阴影越实，如图2-43所示。

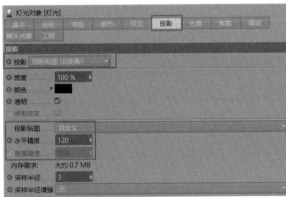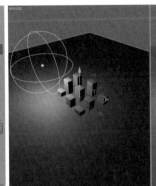

图2-42

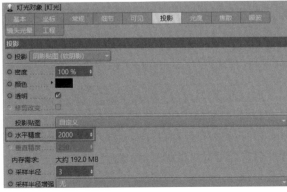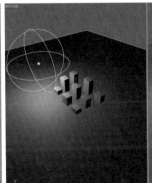

图2-43

通过细心观察会发现，无论虚或实的阴影都是一个整体，显得并不真实，真实的投影应该有虚实变化，要实现这一效果就需要用到"目标区域光"工具。

2.3.2 目标区域光

"目标区域光"的圆形范围控制灯光的衰减，与"点光"的原理是相同的，如图2-44和图2-45所示。

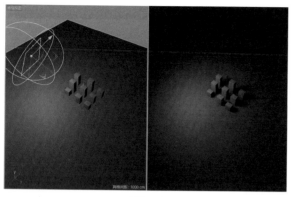

图2-44   图2-45

方形面片的大小影响物体的投影，区域光面积越小，投影越实，区域光面积越大，投影越虚，如图2-46和图2-47所示。

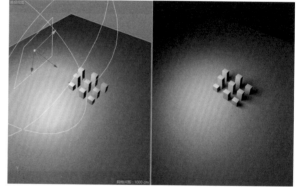

图2-46   图2-47

💡提示 如何选择区域光与点光呢？

　　现实中的光几乎都是区域光，并且区域光的投影也更加真实，因此我们更多会用到区域光。区域光的渲染速度要比点光慢一点，所以在一些需要快速渲染出效果的场景或项目中可以选择点光。

2.4 材质

视频名称：2.4 材质

　　双击"材质窗口"中的空白区域即可创建材质球，然后双击材质球就可以打开"材质编辑器"面板，如图2-48所示。

　　选择相关通道，就可以对材质球进行调节。例如，选择"颜色"通道，就可以调节材质球的颜色，如图2-49所示。

　　再次双击"材质窗口"中的空白区域，可创建出多个材质球，如图2-50所示。

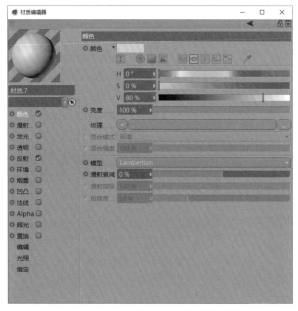

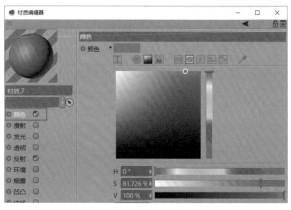

图2-49

图2-48

图2-50

2.5 渲染与输出

通过"渲染器"选项可以切换不同的渲染器，如图2-51所示。"标准"与"物理"渲染器是Cinema 4D自带的两个使用频率较高的渲染器。它也有一些外置的渲染器，如Redshift和Octane Render等，但需要单独安装插件。本书中的案例主要使用"标准"渲染器，在渲染景深与大量模糊时则使用"物理"渲染器。

红框内的参数是我们需要调整的参数。输出选项中的"宽度"和"高度"就是画面的大小，此时画面大小是1280像素×720像素。本书中的案例都是图片格式，所以"帧范围"使用"当前帧"即可。如果需要渲染动画，就要设置动画开始与结束的时间，如图2-52所示。

图2-51

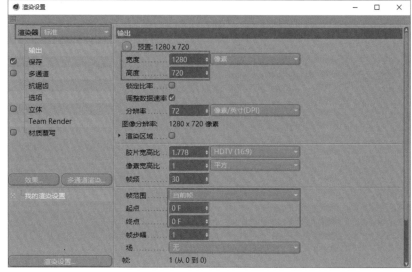

图2-52

"保存"选项用于设置文件渲染完成后保存的路径。"格式"推荐使用"PNG"格式，如果所渲染的场景中有Alpha（透明）通道，则需要勾选"Alpha通道"和"直接Alpha"两个选项，如图2-53所示。

"抗锯齿"选项在渲染成品时一般使用"最佳"，"最小级别"和"最大级别"分别为1×1和4×4，如图2-54所示。在渲染玻璃或有较多深度的反射时，"抗锯齿"使用"最佳"，"最小级别"和"最大级别"分别为2×2和4×4；在渲染测试阶段，"抗锯齿"使用"几何体"选项（如果使用的是物理渲染器，此选项不可调节）。

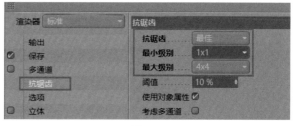

图2-53   图2-54

"全局光照"的英文一般写为GI。在"效果"选项中加入"全局光照"效果后便开启了该效果，如图2-55所示。

开启"全局光照"后，场景中就会有全局光照的效果，但默认的参数并不理想。以下推荐的参数为通用场景的设置，使用这些参数设置可以缩短渲染时间并保证渲染的质量。设置"首次反弹算法"为"辐照缓存"，"二次反弹算法"为"辐照缓存"，"漫射深度"为4，"采样"为"自定义采样数量"，单击"采样"前面的黑色小三角按钮，展开"采样数量"选项，设置为128，如图2-56所示。

图2-55   图2-56

💡 提示 　"采样数量"的数值越大，全局光照的效果越好，数值通常在64~512。

在"辐照缓存"选项中设置"记录密度"为"低"，"平滑"为100%，如图2-57所示。

图2-57

以上是一个通用设置，可以满足多数场景的需要。制作不同的场景，需要根据画面效果调整参数，书中案例都有相关参数设置的讲解。

2.6 Cinema 4D案例制作流程

本节以一个几何老鼠为例，讲解Cinema 4D案例的制作流程，包括模型创建、模型修改、场景布光、材质调节和渲染输出等。通过对这个案例的学习，读者可以熟悉三维作品的制作流程，更好地建立三维作品制作的整体意识，理清制作思路。

◇ 场景位置	无
◇ 实例位置	实例文件>CH02>2.6 Cinema 4D案例制作流程
◇ 视频名称	2.6 Cinema 4D案例制作流程

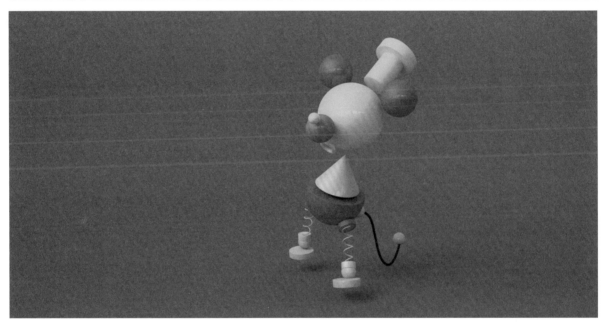

本案例重点

» 三维制作流程　　» 几何体创建　　» 模型的修改与组合　　» 灯光的基本应用　　» 材质的基础应用

2.6.1 创建基础几何体

01 老鼠模型的头部制作。在Cinema 4D中一般会通过"工具栏"创建出需要的常用对象。按住"工具栏"中的"立方体"按钮，然后在弹出的面板中单击"球体"按钮，如图2-58所示。

02 在场景中创建一个球体，然后在"属性"面板中设置球体"半径"为26cm，参数设置及效果如图2-59所示。

图2-58

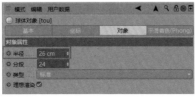

图2-59

03 按照步骤01和步骤02的方法，创建两个"球体"制作出老鼠的耳朵，然后设置其"半径"为14cm，参数设置及效果如图2-60所示。

04 创建几何体的方法都是一样的，继续创建一个"圆柱"制作老鼠的帽子，如图2-61所示。

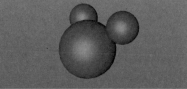

图2-60　　　　　　　　　　　　　　　　　　　　　　图2-61

05 在"属性"面板中设置步骤04中创建的圆柱体的"半径"为10cm，"高度"为28cm，"旋转分段"为54，参数设置及效果如图2-62所示。

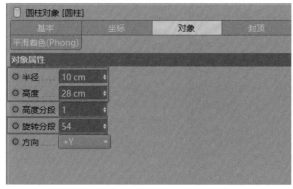

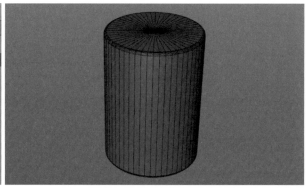

图2-62

06 用同样的方法再创建一个"圆柱"，然后设置"半径"为17cm，"高度"为10cm，"旋转分段"为54，参数设置及效果如图2-63所示。

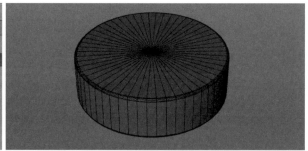

图2-63

07 将创建出来的模型进行组合，如图2-64所示。

08 继续创建"球体"并调整大小。对球体大小的调整可直接使用"缩放"工具进行，需要观察画面中球体的大小是否适合，如图2-65所示。

> 💡 **提示** 视频中有详细的演示过程，请参考配套的视频操作。

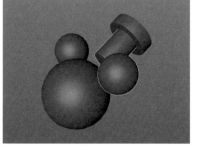

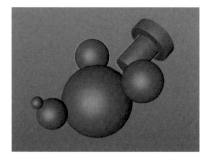

图2-64　　　　　　　　　　　　　　　　　图2-65

09 创建一个"圆环"，然后调整其参数，如图2-66所示。

> **提示** 笔者更建议直接使用"缩放"工具进行调节，这样能直观地观察模型的大小而不用反复修改参数。对物体大小和形态的把控是建模最基本的技能，建议观看配套教学视频中的调节方法。

10 模型完成后进行组合，头部效果如图2-67所示。

图2-66

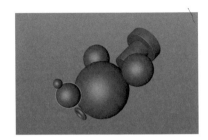

图2-67

11 创建一个"圆锥"，具体参数设置如图2-68所示。

12 将创建的模型拼合在一起，完成老鼠上半身的模型制作，如图2-69所示。

图2-68

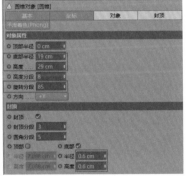

图2-69

2.6.2 模型的修改与组合

01 下面，进行老鼠臀部的制作。创建一个"球体"和一个"立方体"，然后设置球体"半径"为25cm，立方体的"尺寸.X""尺寸.Y"和"尺寸.Z"分别为60cm、48cm和60cm，如图2-70和图2-71所示。

> **提示** 笔者并不是直接调节的模型参数，这样不够直观，建议参考教学视频中的调节方法，并要注意模型的大小比例。

02 将创建好的两个模型进行组合，如图2-72所示。

图2-70

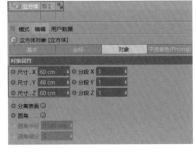

图2-71

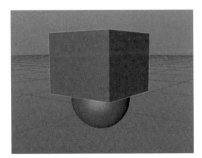

图2-72

03 创建"布尔"生成器，减去球体上半部分。把"球体"与"立方体"作为"布尔"的子层级，"球体"在上，"立方体"在下，然后设置"布尔类型"为"A减B"，如图2-73所示，效果如图2-74所示。

图2-73　　　　　　　　　　　　　　　　　　　　　图2-74

04 创建"倒角"变形器，然后将"布尔"与"倒角"设置为同层级，如图2-75所示。

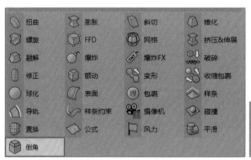

图2-75

05 在"倒角"选项面板中勾选"用户角度"选项，然后设置"角度阈值"为51°，"偏移"为0.36cm，"细分"为4，参数设置及效果如图2-76所示。

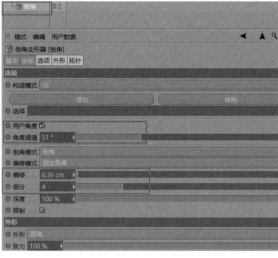

图2-76

06 将步骤05创建的模型与其他模型进行组合，如图2-77所示。

07 创建"螺旋"对象，然后调节相关参数，如图2-78所示。

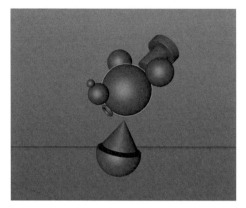

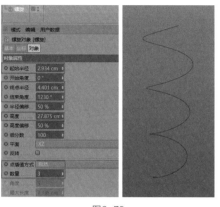

> 提示 参数调节请参看视频中的调节方法，建议读者不要纠结参数，也不建议直接输入参数。

图2-77　　　　　　　　　　　　图2-78

08 创建一个"圆环"对象，然后设置"半径"为0.44cm，如图2-79所示。

09 创建"扫描"生成器，然后将"圆环"与"螺旋"作为其子层级，"圆环"在上，"螺旋"在下，可得到图2-80所示的效果。

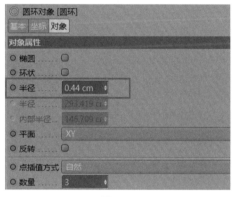

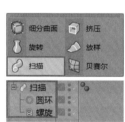

图2-79　　　　　　　　　　　　　　　　　　图2-80

10 使用创建几何体的方法，创建出其他的圆柱与球体，如图2-81所示。

11 将步骤10创建的模型进行组合，完成腿部模型的制作，如图2-82所示。

12 将步骤11组合的腿部模型复制出一份并与身体组合，如图2-83所示。

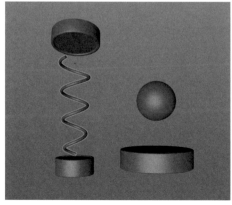

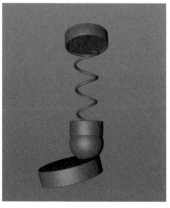

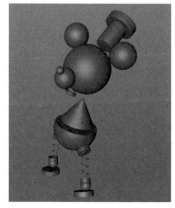

图2-81　　　　　　　　　　图2-82　　　　　　　　　　图2-83

13 使用"画笔"工具在正视图中绘制出尾巴的曲线，如图2-84所示。

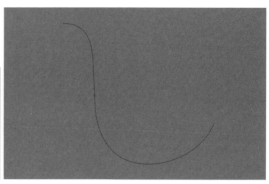

图2-84

14 创建一个"圆环"对象，然后设置"半径"为1.024cm，接着把"圆环"与"样条"作为"扫描"的子层级，如图2-85所示。

15 将步骤14制作的尾巴模型组合到整体模型中，然后在末端增加一个球体，完成模型的制作，如图2-86所示。

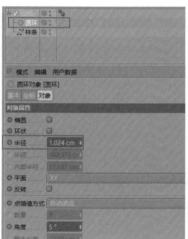

图2-85   图2-86

16 创建一个"平面"作为地面，然后使用"缩放"工具把"平面"放大，如图2-87所示。

17 将所有模型组合在一起，完成场景模型的搭建，如图2-88所示。

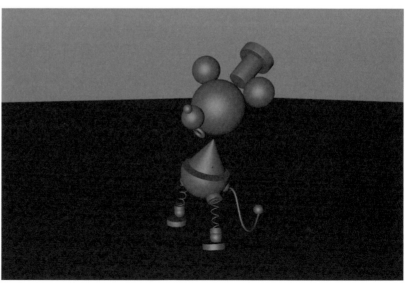

图2-87   图2-88

2.6.3 灯光与HDR预设的安装与使用

01 在布光前通常将场景改为灰白色以便观察光影效果。在"模式"菜单中选择"工程"选项（快捷键为Ctrl+D），然后设置"默认对象颜色"为"80%灰色"，参数设置如图2-89所示，效果如图2-90所示。

图2-89   图2-90

02 把"87 hdr.lib4d"和"87 tex.lib4d"两个文件复制到Cinema 4D的browser目录中，如图2-91所示。

图2-91

> **提示** 目录路径 C:\Program Files\MAXON\Cinema 4D R19\library\browser（若软件安装在其他盘，在Cinema 4D图标上单击鼠标右键，然后选择"打开文件所在位置"选项，接着找到Cinema 4D R19\library\browser文件夹即可）。

03 安装完成后重启软件，然后打开"内容浏览器"窗口（快捷键为Shift+F8），如图2-92所示。

04 在87 HDR的"常用工具"中找到"10 目标区域光"选项，然后双击加入场景，如图2-93所示。

 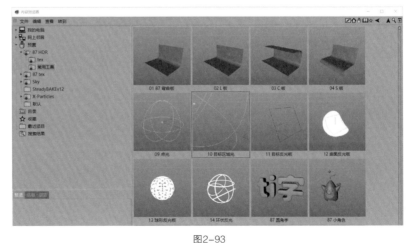

图2-92   图2-93

05 调整灯光的位置，如图2-94所示。

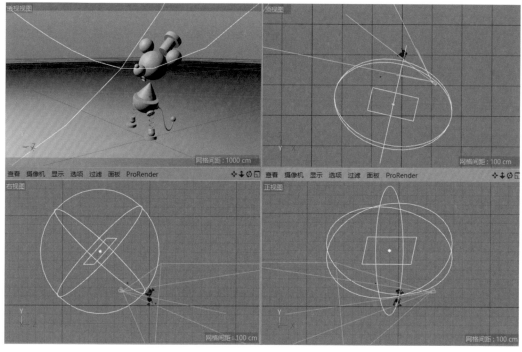

图2-94

06 再次打开"内容浏览器"窗口，然后找到 87 HDR ，接着双击加入场景，如图2-95所示。

07 单击"编辑渲染设置"按钮▣（快捷键为Ctrl+B），然后在"效果"里增加"全局光照"效果，如图2-96所示。

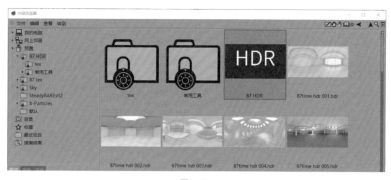

图2-95

图2-96

08 调节"全局光照"的"常规"和"辐照缓存"选项卡参数，如图2-97所示。

图2-97

09 单击"渲染活动视图"按钮，得到图2-98所示的效果。

10 下面制作无缝背景。在场景中加入"背景"对象，然后选中"平面"，接着单击鼠标右键，选择"CINEMA 4D标签-合成"选项，给平面增加合成标签，如图2-99所示。

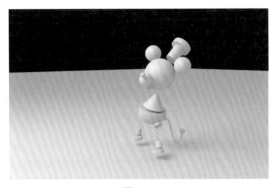

图2-98   图2-99

11 在"合成标签"中勾选"合成背景"选项，如图2-100所示。执行操作后，平面与背景就会合成为一个整体，形成无缝背景。现在地面与背景是没有材质的，都默认是灰白色。如果要设置其他颜色，只需要给背景与地面赋予同一个材质即可。

12 将场景进行渲染，最终完成的光影效果如图2-101所示。

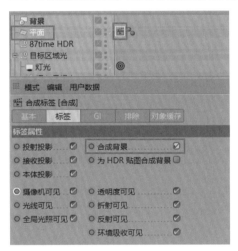

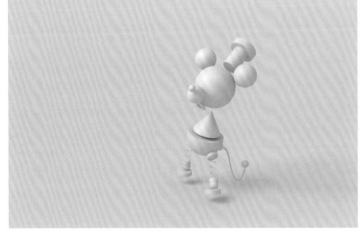

图2-100   图2-101

2.6.4 材质调节与渲染输出

设置完灯光后，就可以调节材质了。使用鼠标左键双击"材质窗口"中的空白处，即可新建材质球，如图2-102所示。

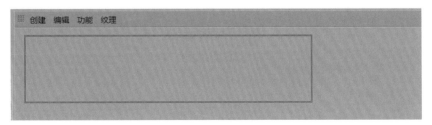

图2-102

1.制作头部材质

具体参数设置如图2-103所示，渲染效果如图2-104所示。

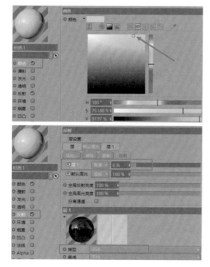

图2-103

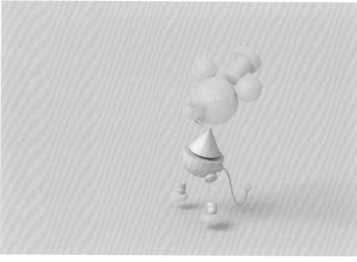

图2-104

2.其他颜色材质的调节

01 其他颜色的材质参数设置，如图2-105~图2-107所示。

图2-105

图2-106

图2-107

02 将其他颜色的材质赋予模型，渲染效果如图2-108所示。这里调节材质时只更改了不同的颜色，其他参数完全一致，读者可根据自己的喜好进行调节。

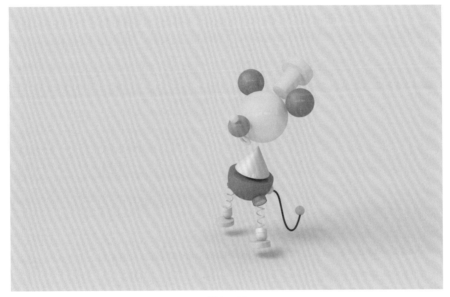

图2-108

03 地面与背景的材质只需要设定一个颜色即可，去掉"反射"等细节，如图2-109所示。

04 将场景进行渲染，如图2-110所示。

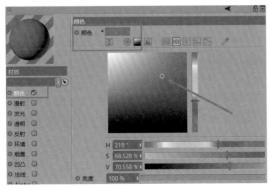

图2-109

图2-110

3.成品渲染输出设置

01 单击"编辑渲染设置"按钮■，然后在"输出"选项中设置图片的大小为1280像素×720像素，如图2-111所示。

02 在"保存"选项中设置保存的位置与格式，如图2-112所示。

图2-111   图2-112

03 在"抗锯齿"选项中设置"最小级别"与"最大级别"分别为1×1和4×4，如图2-113所示。

04 在"全局光照"中设置"首次反弹算法"和"二次反弹算法"都为"辐照缓存"，"采样数量"为128，如图2-114所示。

图2-113   图2-114

05 在"辐照缓存"选项中设置"记录密度"为"低"，如图2-115所示。

06 将场景进行渲染，如图2-116所示。

图2-115   图2-116

第 3 章

实用技能案例实践

　　本章中的案例从模型、灯光、材质、渲染、输出和合成这 6 部分进行完整的演示，让读者掌握案例的全部制作过程。案例讲解中给出的参数均为参考值，并非硬性标准，读者可以在学习过程中多尝试。

3.1　折扣宣传文字的制作

本案例是一个折扣信息的文字效果案例，模型的正面为黄色，侧面为红色，这样的颜色搭配可以加强文字的层次感和识别性。通常我们制作的文字主要功能都是传递信息，三维效果只是对它进行一个美化，所以在制作三维文字时要注意不能丢失文字的识别性，要让受众一眼就能识别出制作的文字。

◇　场景位置	无
◇　实例位置	实例文件>CH03>3.1　折扣宣传文字的制作
◇　视频名称	3.1　折扣宣传文字的制作

本案例重点

» 挤压路径生成文字

» 挤压物体的不同选集（C1、C2、R1、R2）

» 纯色背景渲染　　» 整体背景渲染输出设置

3.1.1　场景模型的搭建

01 在工具栏中选择"画笔"工具 ✐，然后按住鼠标左键，在弹出选项面板中选择"文本"工具，如图3-1所示。

02 在"文本"选项中输入50，设置"字体"为Arial Rounded MT、Bold，"高度"为200cm，"点插值方式"为"自然"，"数量"为16，如图3-2所示。读者可根据需要选择不同的字体与大小。

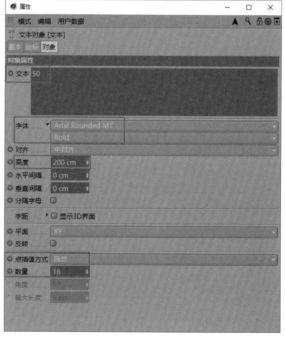

图3-1　　　　　　　　　　　　　　　　　图3-2

03 切换到正视图，观察效果如图3-3所示。

04 此时的视图中显示了网格，在"过滤"中取消勾选"网格"选项后，如图3-4所示，视图中就不会显示网格了。这样有利于我们在制作时观察文字路径。

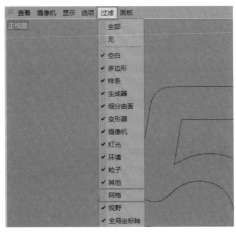

图3-3   图3-4

05 使用同样的方法制作出％和OFF的路径，然后调节它们的位置与大小，如图3-5所示。

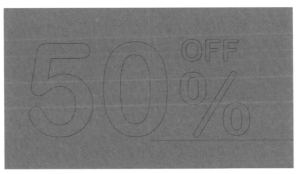

图3-5

> **提示** Cinema 4D中的"文本"工具可以让用户在同一个路径中就完成文字大小的设置与排版，但同一个路径的"挤压"和"倒角"等参数也是统一调整的。 所以，在工作中需要建立不同的路径，这样文字的倒角才会有相应变化，从而让作品更有细节。

06 在工具栏中按住"细分曲面"按钮◎，在弹出来的面板中选择"挤压"工具，接着把"文本"路径50放到"挤压"的子层级中，如图3-6所示。

07 选中"挤压"的"对象"选项卡，设置"移动"为50cm，接着在"封顶"选项卡中设置"顶端"为"圆角封顶"，"步幅"为4，"半径"为3cm，"末端"的参数与"顶端"相同，如图3-7所示。

图3-6

图3-7

> **提示** 选择"文本"路径50，然后按住Alt键再单击"挤压"选项，这样"挤压"可直接生成为父层级。

08 用同样的方法将OFF与%也挤压成模型。相比50的路径，它们的路径更小，所以在"封顶"选卡项中设置更小的半径，如图3-8所示，完成的效果如图3-9所示。

图3-8   图3-9

💡 **提示** 虽然做的是三维模型，但就画面的本质而言其实是文字的排版，也就是说要把它当作一个二维图形来看，要注意它的排版和字体的选择。

09 制作地面。在"对象"面板中选择"平面"工具，然后设置"高度"和"宽度"都为4000cm，如图3-10所示。

10 在正视图中观察文字与地面的关系，使它们之间保持一定的距离，如图3-11所示。

图3-10   图3-11

💡 **提示** 保持一定的距离时，物体与地面的间隙处就会有阴影产生，字与地面就会有一条区分线，但此要求不是绝对的，读者在练习时也可以尝试没有距离的效果。

11 使用"摄像机"工具🎥为场景创建出摄像机，此案例中摄像机为默认参数，只需要调整其构图。按快捷键Ctrl + D打开"工程设置"面板，然后设置"默认对象颜色"为"80%灰色"，如图3-12所示。这样有利于观察模型的光影效果，如图3-13所示。

💡 **提示** 书中的所有案例都会以"80%灰色"来观察光影效果。

图3-12

图3-13

3.1.2 场景灯光制作

01 在"窗口"菜单中打开"内容浏览器",如图3-14所示,然后选择"87 HDR-常用工具-10目标区域光"选项,接着双击加入场景,如图3-15所示。

💡 **提示** 打开"内容浏览器"的快捷键为Shift+F8。

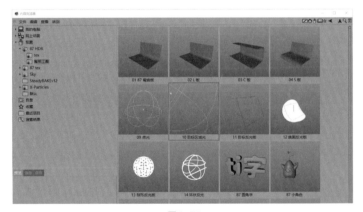

图3-14

图3-15

02 调整好灯光目标的位置,其位置一般都在场景主体上(红色箭头所示),然后控制好灯光的位置与"半径"的大小(图中灯光的圆形的大小),一般灯光的圆形边缘接近于主体模型,如图3-16所示。

💡 **提示** 灯光的矩形的大小会影响阴影的虚实,矩形越大,阴影越虚,矩形越小,阴影越实。灯光的圆形的大小会影响照射范围,圆形越大,照射面积越大,圆形越小,照射面积越小。

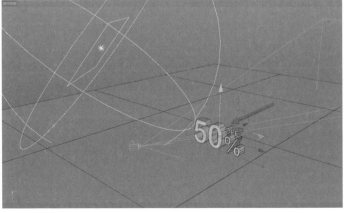

图3-16

03 单击"渲染活动视图"按钮，后，会直接在窗口中渲染出效果，如图3-17所示。此时可以直接观察场景中光影的关系。

04 明确灯光位置后，下面解决环境很黑的问题。打开"内容浏览器"窗口，然后在87time HDR中找到87 HDR文件，接着双击加入场景，如图3-18所示。

图3-17

图3-18

💡提示 建议读者多调节灯光的位置与大小，感受不同光影在模型上产生的变化，最后找到最满意的光影效果。通常称第1盏灯光为主光源，它可以确定画面最大的明暗关系，画面中全黑的地方通过全局光照即可解决。

05 把编号为87time hdr 001.hdr的贴图拖曳到87time HDR 环境的"HDR文件"通道中，如图3-19所示。

06 单击"编辑渲染设置"按钮，然后单击左下方的"效果"按钮，加入"全局光照"选项，如图3-20所示。

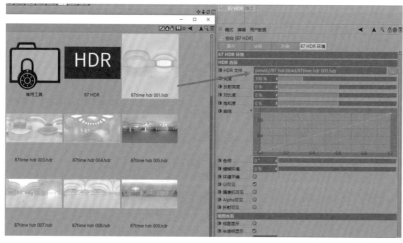

图3-19

图3-20

07 在"常规"选项卡中，设置"首次反弹算法"与"二次反弹算法"为"辐照缓存"，"漫射深度"为4，接着切换到"辐照缓存"选项卡，设置"记录密度"为"预览"，"平滑"为100%，如图3-21所示。

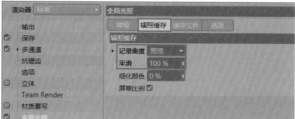

图3-21

💡提示 这是一个渲染测试的通用设置，如果之后的章节没有特别提及，则都默认使用这一渲染设置。

08 单击"渲染活动视图"按钮■对画面进行渲染，如图3-22所示。

图3-22

> **提示** 光照对画面会有比较大的影响，所以读者在练习的时候尽量多尝试不同的灯光位置与灯光强度。

3.1.3 场景材质调节

01 新建一个空白材质球，然后设置"颜色"为红色，接着在"反射"中添加一层GGX类型的反射，并把层强度调节为13%，如图3-23所示。

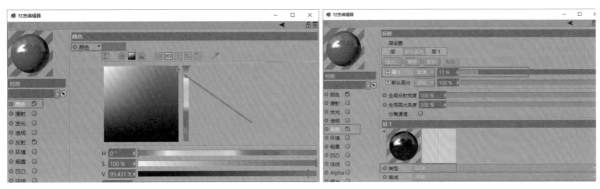

图3-23

02 复制一个材质球（在材质窗口中选中红色材质球，按住Ctrl键将其拖曳到空白处即可），然后把复制出来的材质球的"颜色"设置为黄色，其他保持不变，如图3-24所示。

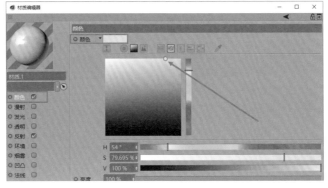

图3-24

03 将黄色材质赋予物体，添加到红色材质的后方。选中材质球标签，然后在"标签"选项卡里把"选集"设置为 C1（注意C为大写），如图3-25所示。

04 渲染后得到图3-26所示的效果。在箭头标出的位置会看到反射效果。

图3-25

图3-26

05 如果不想呈现箭头处所示的反射效果，在"87 HDR 环境"选项中调节"模糊环境"数值，如图3-27所示，渲染效果如图3-28所示。最后制作一个纯色背景，切勿使用太过花哨的背景以免喧宾夺主。

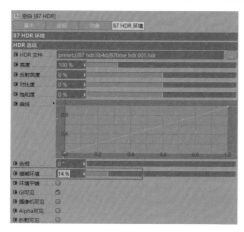

图3-27

图3-28

06 为场景添加一个"背景"对象，如图3-29所示。给"背景"与"平面"赋予同一个灰白色材质，可去除"反射"选项，如图3-30所示。

💡 **提示** 灰白色材质是将原有的红色材质进行复制，并修改其颜色参数得到的。

图3-29

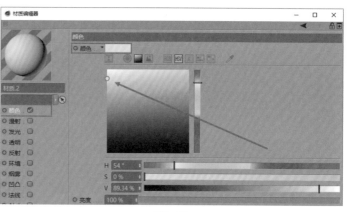

图3-30

07 给"平面"添加一个"合成"标签，如图3-31所示，然后在"标签"选项卡中勾选"合成背景"选项，如图3-32所示。

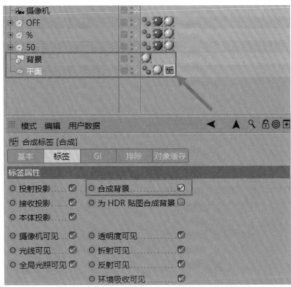

图3-31

图3-32

3.1.4 渲染输出设置与后期调节

01 完成整体制作后单击"编辑渲染设置"按钮█（快捷键为Ctrl+B），然后在"输出"选项里设置需要的画面尺寸。本案例中只需要渲染一张图片，所以将"帧范围"设置为"当前帧"，如图3-33所示。

02 在"保存"选项中勾选"保存"选项，然后在"文件..."通道中设置输出路径，接着设置"格式"为PNG，此案例的主体与背景是一体的，所以这里不需要勾选"Alpha通道"选项，如图3-34所示。

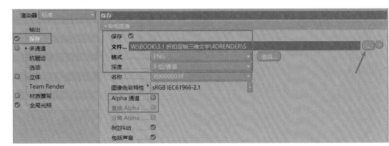

图3-33

图3-34

03 设置"抗锯齿"选项为"最佳"，"最小级别"和"最大级别"分别为1×1和4×4，如图3-35所示。

04 在"全局光照"的"辐照缓存"选项卡中，设置"记录密度"为"低"，"平滑"为100%，如图3-36所示。

图3-35

图3-36

05 此时的渲染场景效果如图3-37所示。

图3-37

06 一般情况下渲染出来的图片效果会偏灰，亮部不会很亮，暗部也不会很黑，这样更方便后期调节。将渲染的图片放置在Photoshop中调节一下曲线即可，如图3-38所示，最终效果如图3-39所示。

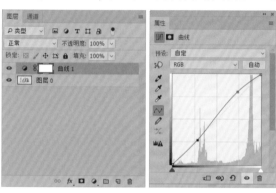

图3-38

图3-39

3.2 变形文字的制作

本案例是一个变形文字海报的制作案例。主体宣传文字被制作成了三维模型，然后利用其他的元素装饰丰富画面，因此本案例中运用了较多的生成器与变形器。单独学会一个生成器或变形器的应用很容易，但要把它们整体应用在一个综合案例上，就需要多加练习。

◇ 场景位置 　　无

◇ 实例位置 　　实例文件>CH03>3.2　变形文字的制作

◇ 视频名称 　　3.2　变形文字的制作

本案例重点

» 生成器"挤压""旋转""放样""扫描""细分曲面""阵列""晶格"在案例中的应用

» 变形器"锥化""螺旋""FFD""爆炸""样条约束"在案例中的应用

» 场景主体与背景的分层渲染　　» 应用 Photoshop 制作背景，分开调节背景与主体的色彩

3.2.1 主体模型制作部分

01 使用"文本"工具创建文字路径，然后设置"字体"为Hobo Std，"高度"为200cm，如图3-40所示。

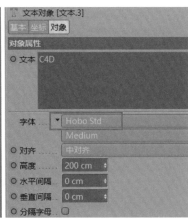

图3-40

02 使用"挤压"生成器对模型进行挤压，然后设置"顶端"和"末端"都为"圆角封顶"，"步幅"都为10，"半径"都为6cm，"圆角类型"为"半圆"，如图3-41所示。

03 完成的文字模型效果，如图3-42所示。当挤压模型发生问题时，一般都是路径有问题，检查是否有重合的点和路径。

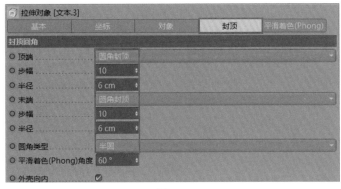

图3-41　　　　　　　　图3-42

04 创建一个圆柱，然后在圆柱的"对象"选项里设置"半径"为150cm，"高度"为38cm，"旋转分段"为120，如图3-43所示。

05 在"封顶"选项卡中勾选"圆角"选项，然后设置"分段"与"半径"的数值，如图3-44所示。

> **提示** 在调节模型的对象属性和封顶属性参数的时候，需要显示模型的线框，然后一边调节参数，一边观察模型布线，如图3-45所示。

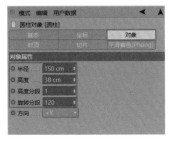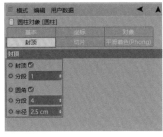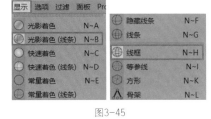

图3-43　　　　　　图3-44　　　　　　图3-45

06 复制3个圆柱模型，然后将其设置为不同的大小，如图3-46所示。这样就完成了舞台地面的制作。

07 接下来创建舞台上面的旋转元素。建立一个球体，然后设置球体的"半径"为40cm，"分段"为80，"类型"为"六面体"，如图3-47所示。

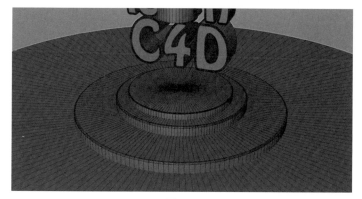

图3-46

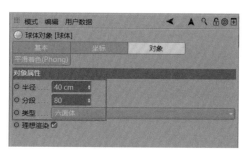

图3-47

08 创建一个"阵列"生成器，然后把"球体"作为"阵列"生成器的子层级，接着设置"半径"为100cm，"副本"为9，如图3-48所示。

09 此时球体变成了9个以阵列方式分布的小球，如图3-49所示。

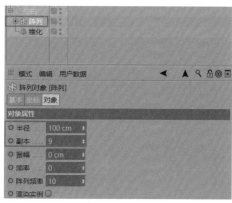

图3-48

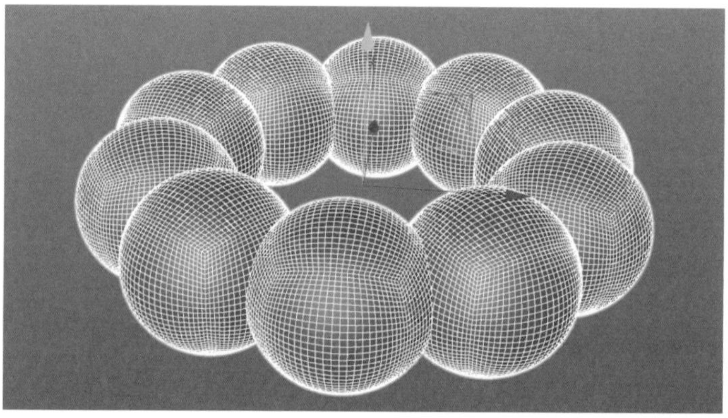

图3-49

10 创建一个"锥化"变形器，然后观察锥化边框与模型大小和位置的关系，如图3-50所示。

11 设置锥化的"强度"为166%，如图3-51所示，效果如图3-52所示。

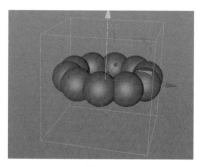

图3-50

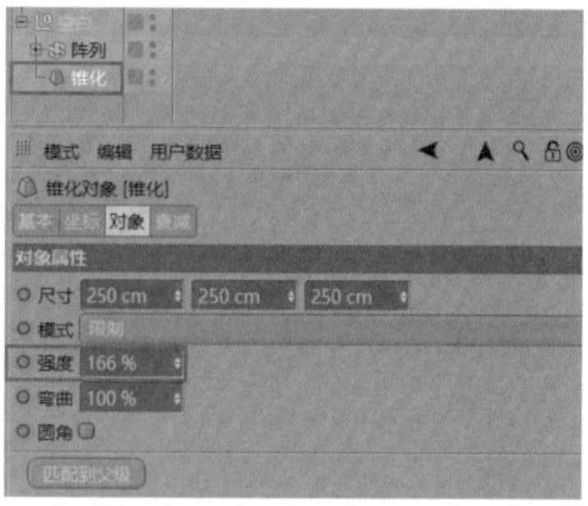

图3-51

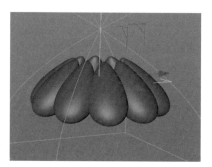

图3-52

💡 **提示** "阵列"和"锥化"为同层级，这样锥化才会对阵列中的模型起作用。

12 创建一个"螺旋"变形器，然后设置"角度"为290°，如图3-53所示，效果如图3-54所示。这里要注意"阵列""锥化"和"螺旋"为同层级。

13 可以把"锥化"与"螺旋"的显示图标设置为红色，这样就不会在画面中显示灰蓝色的边框，如图3-55所示。

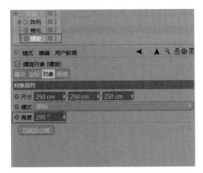

图3-53

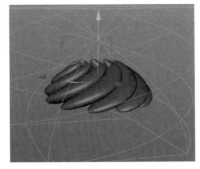

图3-54

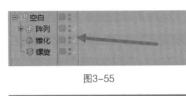

图3-55

14 把修改好的螺旋元素放置到场景中，如图3-56所示。

15 下面创建舞台上的灯泡元素。使用"画笔"工具在正视图中绘制出灯泡轮廓，如图3-57所示。

> **提示** 通常创建样条的时候都会在二维视图中操作，如正视图、顶视图和右视图。当然也可以在Illustrator里创建出一个这样的轮廓，然后导入Cinema 4D。

图3-56

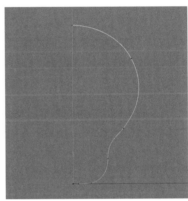

图3-57

16 创建一个"旋转"生成器，如图3-58所示。将"旋转"生成器作为"样条"的父层级。

17 创建多个圆环，然后进行不同的位置调整，最终得到图3-59所示的效果。

图3-58

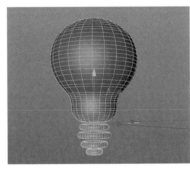

图3-59

18 创建一个"阵列"生成器，然后把灯泡元素编成一组，接着放入"阵列"生成器的子层级，再调节"阵列"的"半径"与"副本"数量，参数设置如图3-60所示，效果如图3-61所示。

图3-60

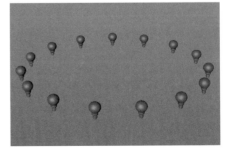

图3-61

3.2.2 场景元素模型制作

01 彩带文字元素的制作。创建一个平面,然后设置"宽度"为1600cm,"高度"为40cm,"宽度分段"为220、"高度分段"为8,如图3-62所示。

图3-62

02 创建文本happy c4d happy c4d ,然后"挤压"生成模型,接着设置"类型"为"四边形",再勾选"标准网格"选项,最后设置"宽度"为2cm,如图3-63所示。把文字与步骤01中制作的平面进行组合,效果如图3-64所示。

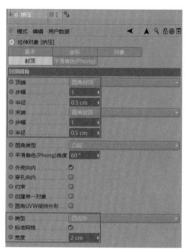

图3-63

图3-64

03 创建一个"螺旋"对象,并调节其参数,如图3-65所示。注意把"点插值方式"调节为"自然","数量"可以调节为20~60之间。

04 创建一个"样条约束"变形器,然后把3个挤压的文字与平面组成一组,接着将这一组与样条约束组成一组,如图3-66所示。红框①内所有对象为一组,①与②为同层级,并在一个父级里面。

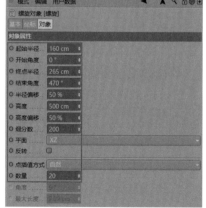

图3-65

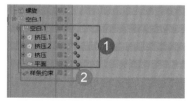

图3-66

05 把"螺旋"拖曳到"样条约束"的"样条"选项,参数设置如图3-67所示,完成的效果如图3-68所示。

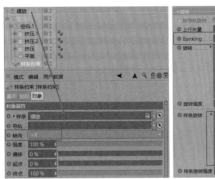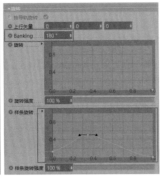

图3-67

图3-68

06 用同样的方法还可以制作出螺旋彩条元素,参数设置如图3-69所示,效果如图3-70所示。

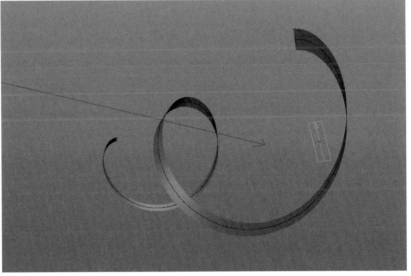

图3-69

图3-70

07 下面制作的元素还是使用样条约束。创建一个"圆锥",然后调节参数使它变化为一个类似水滴的形状,参数设置如图3-71所示,效果如图3-72所示。

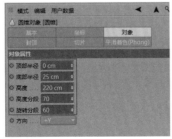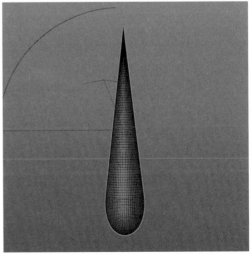

图3-71

图3-72

08 创建出一个"圆弧"，然后调节圆弧的"点插值方式"和"数量"，参数设置如图3-73所示，效果如图3-74所示。

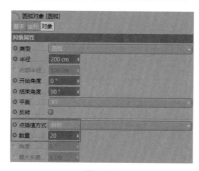

图3-73

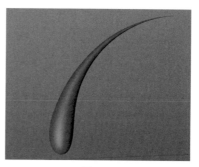

图3-74

09 修改"圆锥"的参数，制作出不同细节的模型，参数设置如图3-75所示，效果如图3-76所示。

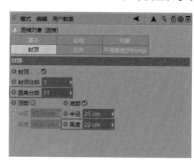

图3-75

图3-76

10 纸片模型的创建。创建一个"平面"对象，然后设置"宽度"为90cm，"高度"为50cm，"宽度分段"为17，"高度分段"为7，如图3-77所示。

11 添加一个FFD变形器作为"平面"的子层级，然后单击"匹配到父级"按钮，把变形器的栅格尺寸调节为与父级同样的大小，接着把栅格尺寸稍微调大一些并控制好网点的数量，参数设置及效果如图3-78和图3-79所示。

12 单击"点"按钮切换到点模式，然后选中不同的点进行调节，这样就能改变模型的形状，如图3-80所示。

图3-77

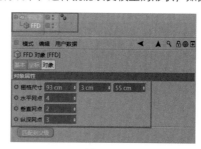

图3-78

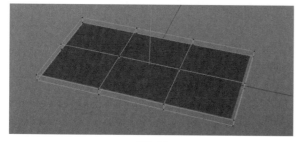

图3-79

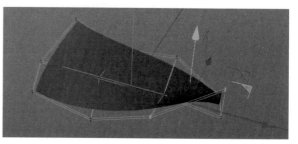

图3-80

13 下面制作晶格元素。创建一个"宝石"元素，然后为其添加"晶格"生成器，接着调节"宝石"的"分段"与"类型"，参数设置如图3-81所示，效果如图3-82所示。

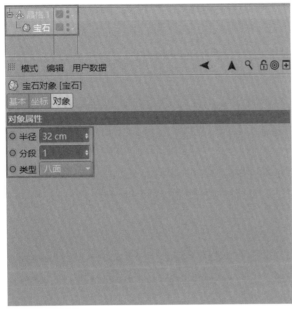

图3-81

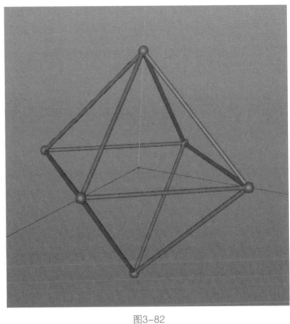

图3-82

14 将步骤13中修改后的模型复制一个，然后设置"类型"为"四面"，参数设置及效果如图3-83和图3-84所示。

15 到这里已经完成了很多元素的制作，将它们组合在一起后，场景变得很丰富。组合时要注意不同元素的搭配与它们之间的大小比例，如图3-85所示。

图3-83

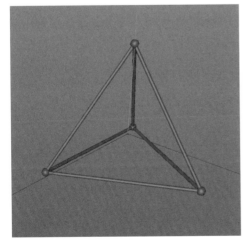

图3-84

图3-85

16 下面制作闪电模型元素。使用"画笔"工具创建一个闪电路径，如图3-86所示。

17 设置"样条"的"点插值方式"为"统一"，"数量"为4，如图3-87所示。

18 对修改好的样条线进行"挤压"，然后勾选"创建单一对象"选项，接着设置"类型"为"四边形"，其他红框内的参数可灵活调整，如图3-88所示。

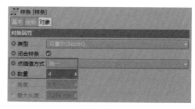

图3-86　　　　　　　　　　　　图3-87　　　　　　　　　　　　图3-88

19 挤压后的模型效果，如图3-89所示。

20 创建"细分曲面"生成器，然后把"挤压"作为"细分曲面"的子对象并修改其参数，如图3-90所示，修改后的效果如图3-91所示。

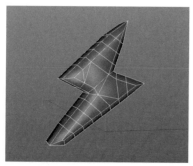

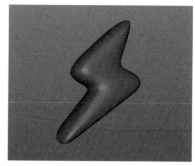

图3-89　　　　　　　　　　　　图3-90　　　　　　　　　　　　图3-91

21 下面制作炸弹元素。这里使用"球体"与"管道"创建出炸弹的大概形状，参数设置及效果如图3-92和图3-93所示。

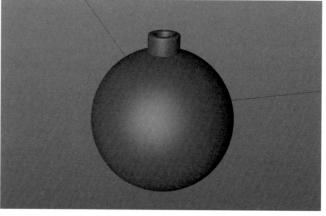

图3-92　　　　　　　　　　　　　　　　　　　　　图3-93

22 在正视图中绘制一条曲线，如图3-94所示，然后用"扫描"生成器创建模型，参数设置及效果如图3-95和图3-96所示。

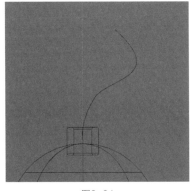

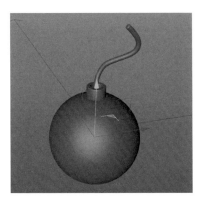

图3-94　　　　　　　　　　　　　　　　图3-95　　　　　　　　　　　　　　　　图3-96

23 创建一个球体，然后把"类型"设置为"四面体"，接着参考面板中的数值灵活调整"半径"与"分段"的参数，参数设置及效果如图3-97和图3-98所示。

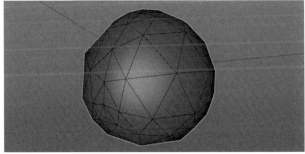

图3-97　　　　　　　　　　　　　　　　　　　　　　图3-98

24 为步骤23中修改的球体添加一个"爆炸"变形器，然后调节"爆炸"的数值，参数设置及效果如图3-99和图3-100所示。

图3-99　　　　　　　　　　　　　　　　　　　　　　图3-100

25 下面制作幕布模型。在顶视图中绘制曲线，如图3-101所示。

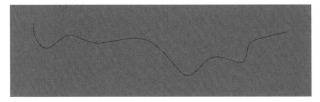

图3-101

26 把绘制的曲线复制多条,并在空间中进行排列,如图3-102所示。

27 创建一个"放样"生成器,然后调节"网孔细分U"和"网孔细分V"的数值,增加模型布线,参数设置及效果如图3-103和图3-104所示。

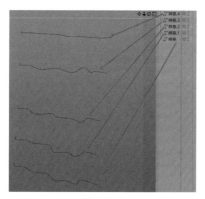

图3-102   图3-103   图3-104

28 将所有模型进行组合,模型最终效果如图3-105所示。

图3-105

> **提示** 完成模型的创建后,要仔细检查模型的布线是否合适,布线太多会消耗过多的资源,布线太少模型又达不到理想的精度,这里要多尝试,找到一个平衡。模型是存在于三维空间中的,需要多转动摄像机,在不同角度下观察模型,以检查其位置与大小是否合适,主体够不够突出,元素的空间搭配是否合理,风格是否统一。

3.2.3 摄像机与灯光创建

01 创建一个摄像机,然后把"焦距"设置为45,如图3-106所示。

02 在"渲染设置"中,设置"宽度"为1500像素,"高度"为2000像素,如图3-107所示。

03 为了更好地观察摄像机效果,在"模式"菜单中选择"视图设置"选项,如图3-108所示。

图3-106   图3-107   图3-108

04 将"边界着色"的"透明"设置为96%，如图3-109所示。需要注意的是，图3-110所示的深色部分，最终是不会被渲染出来的。

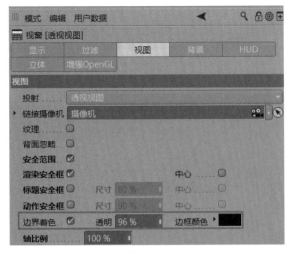

图3-109

图3-110

05 打开"内容浏览器"窗口，在场景中创建"目标区域光"工具，如图3-111所示。

06 调节好灯光、摄像机与场景的位置关系，如图3-112所示。

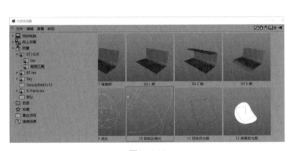

图3-111

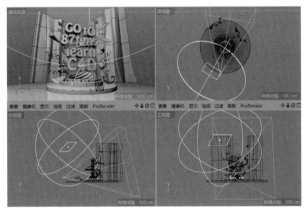

图3-112

07 为场景添加 87 HDR 环境，如图3-113所示。

图3-113

08 添加"全局光照"效果,并调节"全局光照"的参数,如图3-114所示。

09 渲染后得到图3-115所示的效果。

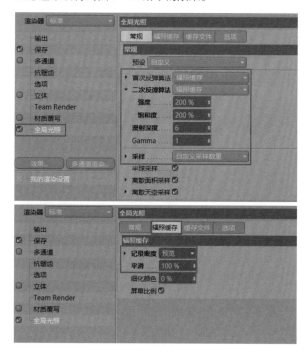

图3-114   图3-115

10 为场景添加材质,如图3-116所示。这里的材质设置基本类似,但第一个颜色上有强度为5%~25%的反射,具体参数设置如图3-117~图3-124所示。

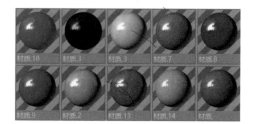

图3-116

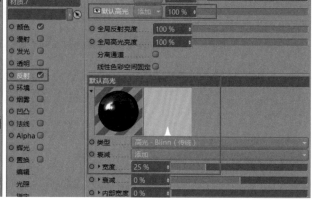

图3-117

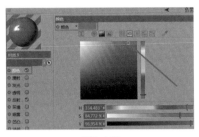

图3-118

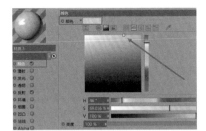

图3-119

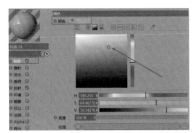

图3-120

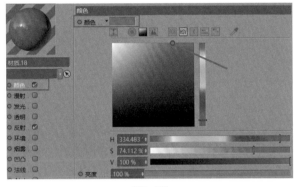

图3-121

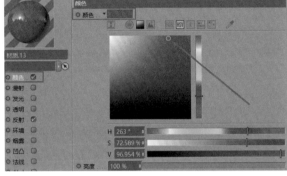

图3-122

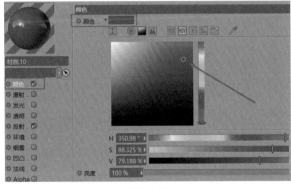

图3-123

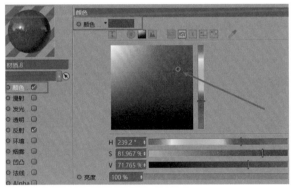

图3-124

> **提示** 其他材质是复制第一个材质得到的，反射参数完全相同，只需在颜色通道更改颜色即可。

11 将调节后的材质赋予模型并观察效果，如图3-125所示。

图3-125

3.2.4 渲染输出设置与后期调节

01 确定整体效果合适后，就可以进行渲染设置了。将主体与背景分开渲染，后面的幕布为背景，其余的都为主体，然后分别成组。在渲染主体的时候，需要为背景添加一个"合成"对象标签。选中背景，然后单击鼠标右键，在弹出的菜单中选择 "Cinema 4D 标签–合成"选项，如图3-126所示，接着取消选中"摄像机可见"选项，如图3-127所示。

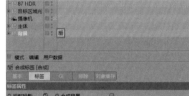

图3-126

图3-127

02 在"输出"中设置画面的"宽度"为1500像素，"高度"为2000像素，如图3-128所示。

图3-128

03 设置好保存路径，然后勾选"Alpha通道"和"直接Alpha"选项，其余参数设置如图3-129所示。因为背景需要在Photoshop中制作，所以这里需要输出带透明通道的文件。

04 设置"全局光照"的参数，如图3-130所示。

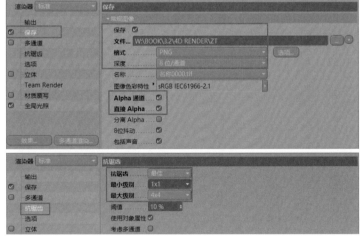

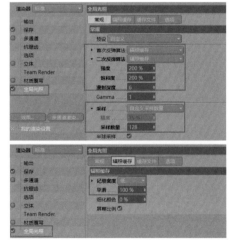

图3-129

图3-130

62

05 将图片渲染到"图片查看器"中，可以观察到背景是黑色的，主体元素的边缘还有类似锯齿的毛边，如图3-131所示。这并不是渲染的问题，而是显示的问题，将其导入Photoshop后就会正常显示。

06 接下来渲染幕布，需要把"合成"标签赋予主体部分，并取消选中"摄像机可见"选项，如图3-132所示。

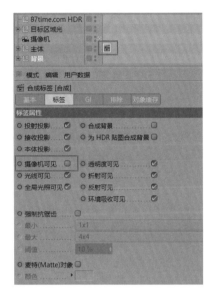

图3-131

图3-132

07 把渲染出的图片素材导入Photoshop，如图3-133所示。

08 把主体与幕布放在同一个画布中，并为其添加一个深蓝色的背景，如图3-134所示。

图3-133

图3-134

09 用画笔丰富背景，绘制时注意让整体画面拥有一定的空间关系。在画布上添加"曲线"和"色相/饱和度"调节层，然后把幕布的颜色加深，这样能更加突出主题，图层及效果如图3-135和图3-136所示。

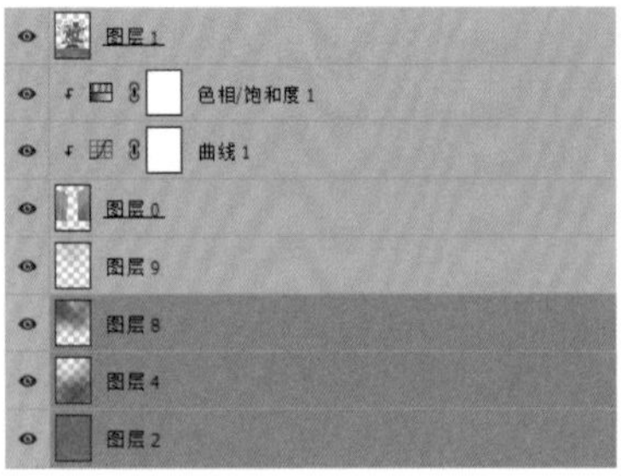

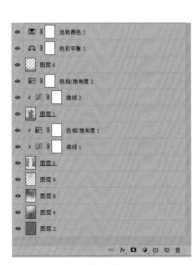

图3-135

图3-136

10 对整体画面色彩进行修正，如图3-137所示，最终效果如图3-138所示。

图3-137

图3-138

3.3 旋转样条文字的制作

本案例中的文字模型与之前案例中的文字模型有很大的不同，它并不是一个标准的字体，并且呈现的是旋转的样条效果。文字模型使用了"样条约束"来制作，虽然"扫描"也可以完成类似效果，但是"样条约束"的可调节性大大高于"扫描"的，材质方面应用了渐变效果。

◇ 场景位置	无
◇ 实例位置	实例文件>CH03>3.3 旋转样条文字的制作
◇ 视频名称	3.3 旋转样条文字的制作

本案例重点

» 路径在三维空间中的调节　　　» "样条约束"的细节调整与灵活应用　　　» 渐变贴图的应用　　　» 融球的应用

3.3.1 模型的制作

01 在Illustrator中使用"画笔"工具绘制出2018的路径，如图3-139所示。

02 在Cinema 4D中打开绘制好的路径，然后设置路径的"点插值方式"为"自然"，"数量"为20，如图3-140所示。

图3-139

图3-140

03 路径默认在一个平面上，这里需要把路径中重叠的地方在z轴上拉开，如图3-141所示。调整时要多旋转视图，在不同的视角下进行观察，如图3-142所示。

图3-141

图3-142

04 创建一个"胶囊"变形器，然后调节"胶囊"的数值，其数值可灵活调整，也可参考图3-143所示的数值。

05 为步骤04中创建的模型添加一个"样条约束"变形器，然后把整个"胶囊"约束到路径上，接着设置"轴向"为+Y，如图3-144所示。

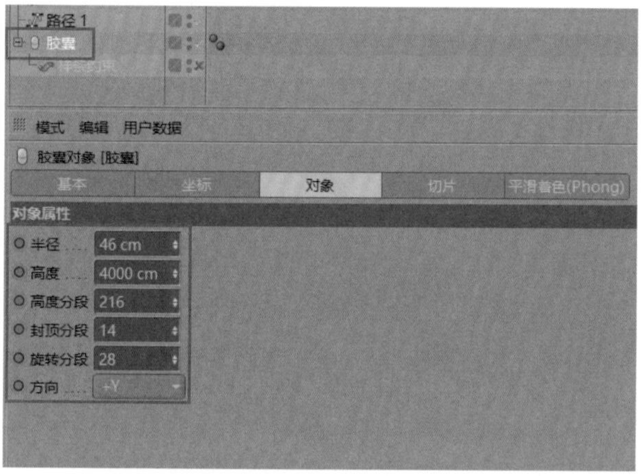

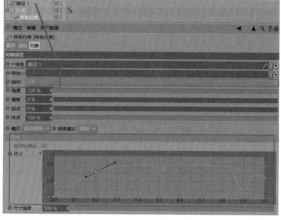

图3-143

图3-144

> **提示** 按Ctrl键可以在曲线上添加锚点。

06 "胶囊"的旋转参数设置如图3-145所示，最终完成效果如图3-146所示。

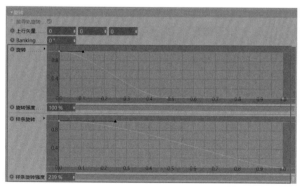

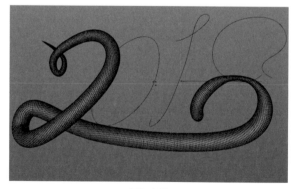

图3-146

图3-145

07 用同样的方法来完成其他模型的制作。其他模型里"胶囊"的"高度"与"高度分段"需要减少。方法虽然简单，但在调节的时候要有耐心，对细节进行慢慢调整，才会得到一个比较不错的效果，如图3-147所示。

08 创建几个球体，然后把它们在空间中进行排列，如图3-148所示。

图3-147

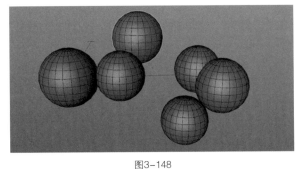

图3-148

09 为步骤08中创建的小球模型添加"融球"生成器，将"融球"生成器作为所有小球的父层级，具体参数设置如图3-149所示，效果如图3-150所示。

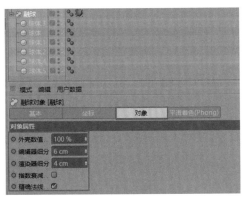

图3-149

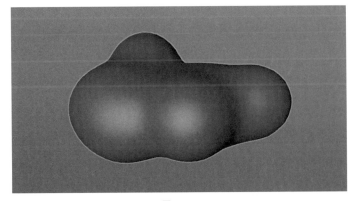

图3-150

3.2.2 渐变材质的调节

01 本案例使用渐变色的材质效果。在"颜色"中添加一个"渐变"贴图，如图3-151所示。

02 双击"渐变"色条可增加节点，调节节点的颜色，如图3-152所示。这里注意①与②的节点为同一个颜色，制作时只需调节一个，然后按住Ctrl键复制出另一个即可。

图3-151

图3-152

03 将材质赋予模型，如图3-153所示。

图3-153

3.3.3 渲染与后期合成

01 此案例的渲染与之前的方法是一样的，直接渲染一个带通道的图片即可。在场景中添加"目标区域光"，位置如图3-154所示。

02 添加"全局光照"并调节相关参数，如图3-155所示。

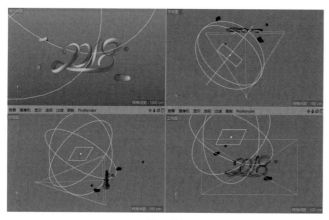

图3-154

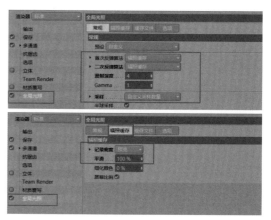

图3-155

03 加入87 HDR进行渲染测试，如图3-156所示。

04 确认渲染测试效果无误后进行输出保存，如图3-157所示。

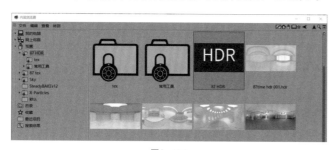

图3-156

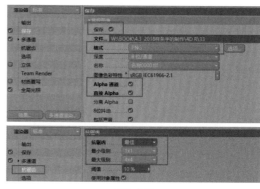

图3-157

05 本案例的合成相对比
较简单，在输出的图片素材
中加入一个背景即可，如图
3-158所示，案例最终效果如
图3-159所示。

图3-158　　　　　　　　　　　　　　　　图3-159

3.4 虚线文字的制作

本例是一个简单的文字模型海报制作，主要通过挤压功能和样条约束功能来实现。海报在场景搭配上采用了一些清新简约的小元素，让画面产生一种简约而不简单的效果。本例的重点学习内容为Cinema 4D活动宣传海报的设计思路、制作流程和Photoshop视觉效果的呈现。

◇ 场景位置	无
◇ 实例位置	实例文件>CH03>3.4　虚线文字的制作
◇ 视频名称	3.4　虚线文字的制作

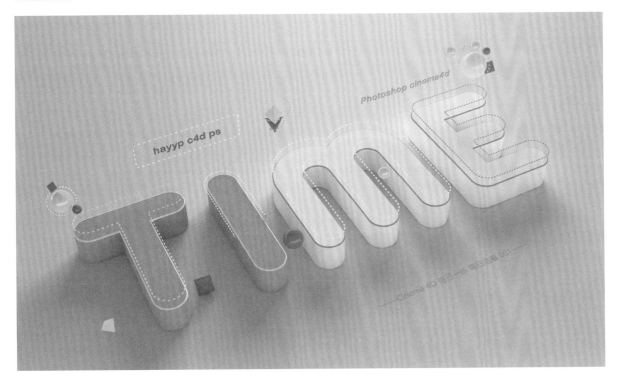

本案例重点

» 活动宣传海报的创意思路　　» 在 Cinema 4D 里创建文字和制作虚线　　» 挤压、样条约束的应用
» 反射材质调节技巧　　» 多通道渲染技巧　　» Photoshop 后期技术

3.4.1 文字创建制作部分

01 打开Cinema 4D，选择"文本"工具，然后在"文本"中输入字母T，并选择相应的字体。这里使用的字体是 Arista 2.0（仅供参考），调节字符参数为"中对齐"，效果如图3-160所示。

02 选择创建出来的文本层，然后按住Ctrl键向下拖曳文本层进行复制，如图3-161所示。

03 将文本层复制3份，然后把复制出来的文本层分别命名为I、M和E，以便区分，如图3-162所示。

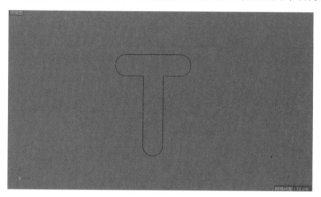

图3-160

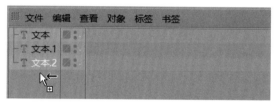

图3-161

图3-162

> **提示** 除了上述的复制方法，也可以按快捷键Ctrl+C进行复制，再按快捷键Ctrl+V，将其粘贴到对象窗口中。

04 由于复制出来的文本层会重叠在原来的文本层上，所以需要将修改后的4个文本层拉开一定的距离，并调整到相应的位置。然后选中4个文本层，按快捷键Alt+G进行编组，并命名为TIME，接着选中TIME组，将TIME的坐标P改为-90°，让文字"躺"下，如图3-163所示。

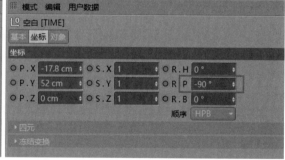

图3-163

05 创建完成文字路径后，选中TIME组，然后按住Alt键，给TIME组添加一个"挤压"生成器，如图3-164所示。这时候TIME组自动成为"挤压"的子层级。

06 按快捷键Ctrl+D打开"工程设置"面板，然后将"默认对象颜色"调整为"80%灰色"，以便观察，如图3-165所示。这里的对象颜色只是参考色，不影响最终渲染输出效果。

图3-164

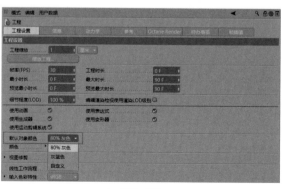

图3-165

07 在"挤压"的"对象"选项卡中勾选"层级"选项，然后设置"移动"为50cm，接着设置"封顶"选项卡中的"顶端"和"末端"都为"圆角封顶"，"步幅"和"半径"分别为4和2cm，如图3-166所示。这里笔者给出的参数值仅供参考，读者可根据自己的需要进行调节。

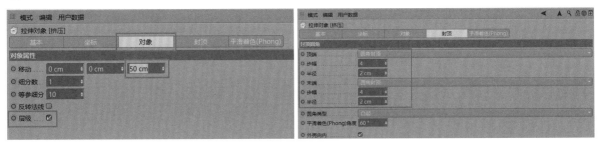

图3-166

3.4.2 制作文字虚线部分

01 新建"文本"对象，然后在"文本"框中输入一排减号"——————————"，接着调整文本的"对齐""高度""点插值方式"和"数量"的参数，最后将文本重命名为"虚线"，参数设置如图3-167所示。

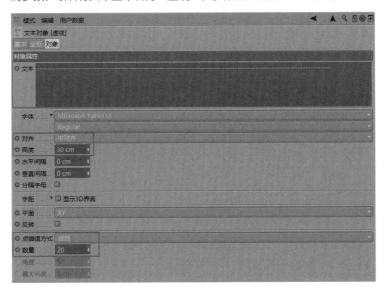

图3-167

02 将创建的"虚线"文本进行挤压，然后将"挤压"生成器也重命名为"虚线"，方便与底层的TIME区分。接着调整"虚线"挤压的"移动"为2cm，"顶端"和"末端"都为"圆角封顶"，"步幅"和"半径"分别调节为1和0.2cm，如图3-168所示。

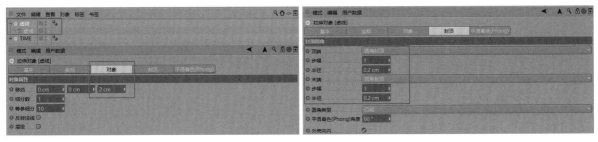

图3-168

03 将之前的TIME文字组复制一份，并把复制出来的TIME.2文字组向上移动10cm，然后选中TIME.2文字组里的单个文字层，设置4个文字层的"点插值方式"为"自然"，"数量"为20，如图3-169所示。

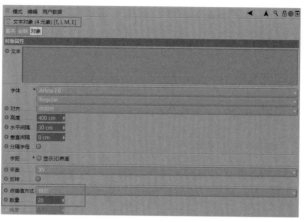

图3-169

04 新建"样条约束"工具，然后按快捷键Alt+G，把"样条约束"和挤压的"虚线"打组，接着选中"样条约束"把复制出来的TIME.2组里的"T"拖曳到"样条约束"对象属性的"样条"里，再修改这一组的名字为"T虚线"，具体参数设置如图3-170所示。

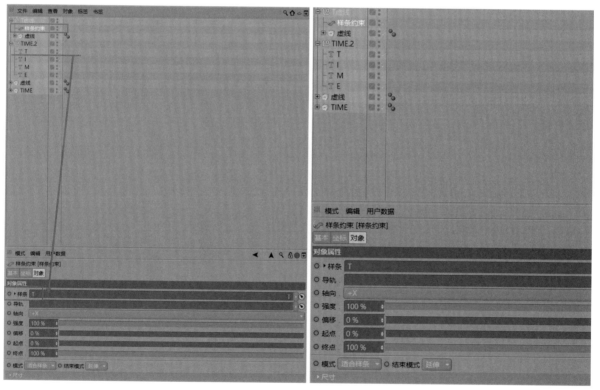

图3-170

💡 **提示** 养成命名图层的好习惯，这样做除了方便区分图层与图层间的关系，也有助于在后期修改或添加材质时能一目了然地找到对应的图层。

05 把"T虚线"组复制3份，分别把复制出来的组命名为"I虚线""M虚线"和"E虚线"，然后分别把"I虚线""M虚线"和"E虚线"的"样条约束"里的"样条"替换为"TIME.2"组里的I、M和E，如图3-171所示。

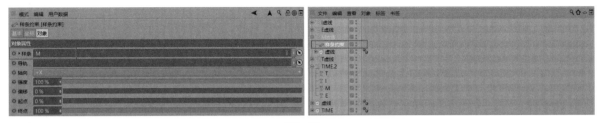

图3-171

06 这里注意一个小细节，I字母的虚线和其他3个字母的虚线是有区别的，不然所有虚线都一样，整个画面看起来会很不生动，因此需要对"I虚线"的内容进行修改。先设置"I虚线"的"样条约束"里的"模式"为"保持长度"，"结束模式"为"限制"，然后在"I虚线"的文本层中把减号删掉一部分，最后调整样条约束的"偏移"数值，具体设置如图3-172所示。

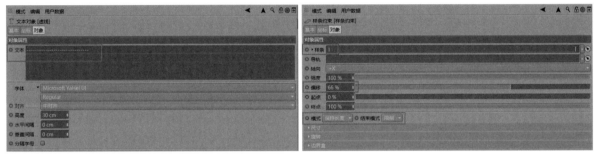

图3-172

07 新建"宝石"对象，然后设置"宝石"的"半径"为5cm，"类型"为"四面"，如图3-173所示。

08 选择"宝石"对象，然后按住shift建，接着添加"样条约束"变形器，这样"样条约束"就自动匹配到"宝石"的子层级，如图3-174所示。

09 将宝石"样条约束"里的"样条"替换为TIME.2组里的I，然后修改"偏移""模式"和Banking参数，如图3-175所示。

图3-173

图3-174

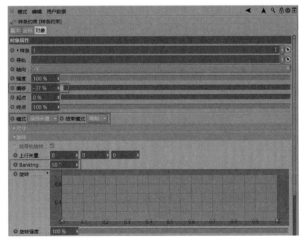

图3-175

10 将"宝石"复制一份，然后调整"宝石.2"的"样条约束"参数，参数设置如图3-176所示。

11 至此主体文字部分的模型就全部创建完成了，可以对主体文字进行整理、成组和命名，方便后期添加材质时能更好地区分，最终效果如图3-177所示。

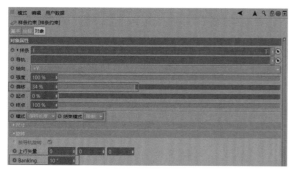

图3-176

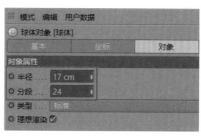

图3-177

3.4.3 元素的制作

01 本案例海报中的元素很简单，都是由"球体"和"宝石"构成的，然后根据需求将"球体"和"宝石"调整到合适的大小并摆放到相应的位置即可。首先创建球体模型，参数设置如图3-178所示。

02 "宝石"的创建参考上节的步骤01。需要注意的是，"宝石"的类型有很多种，如图3-179所示。作为装饰元素大家可以尝试各个类型，以得到不同的效果，这样用来作为装饰就不会太单调。

图3-178   图3-179

03 给整个场景添加"平面"对象，然后将平面的"宽度"和"高度"都调整为2000cm，如图3-180所示。

04 输入一些相关的文字信息，文字使用"挤压"的方式，装饰元素的虚线制作方法与前文中文字部分虚线的制作方法一致。在摆放元素时要注意整体的构图、模型的大小和虚线的粗细，这些读者都可以根据自己的需求进行修改和调整。至此，模型部分就全部制作完成了，最终效果如图3-181所示。

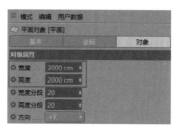

图3-180

图3-181

> **提示** 场景制作完毕后，应该检查什么？
>
> 1.模型在空间中的位置是否合适？
>
> 2.模型的布线是否合理？布线太少模型精度不高，布线太多会影响渲染速度。
>
> 3.文件的层级关系及其命名是否容易阅读？特别是在与别人配合完成项目时。
>
> 4.有没有一些制作过程中隐藏但没有删除的模型？

3.4.4 灯光创建和渲染设置

01 模型检查完毕之后，就可以给场景创建摄像机并进行布光了。首先调整画面到想要的视角，然后创建摄像机，接着单击鼠标右键，给摄像机添加一个"保护"标签，以防不小心移动了摄像机，如图3-182所示。

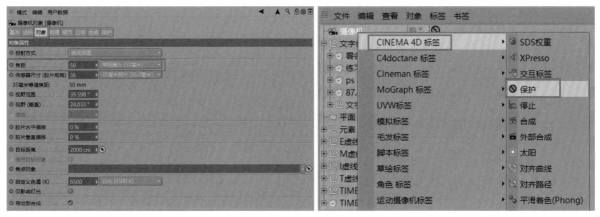

图3-182

02 摄像机创建完成后调整画布的尺寸，这里将画布的尺寸修改为1920像素×1200像素，如图3-183所示。

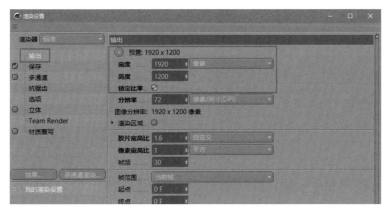

图3-183

03 按快捷键Shift+F8打开"内容浏览器"窗口，然后选择"10目标区域光"，如图3-184所示。本案例中为了让字体投射出的光有一点颜色，将灯光设置为了淡粉色，参考色值（R:237, G:216, B:255），如图3-185所示。

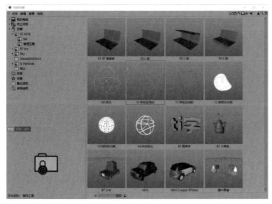

图3-184

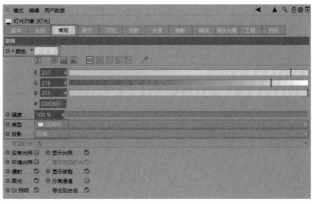

图3-185

04 按快捷键Ctrl+R渲染效果，如图3-186所示。

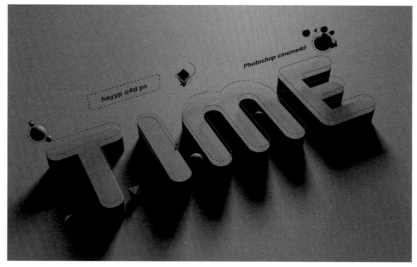

图3-186

05 此时观察画面发现整体过暗，可以给场景添加一个HDR环境。按快捷键Shift+F8打开"内容浏览器"窗口，然后在学习资源里找到 87 HDR并双击，即可把环境加入场景，如图3-187和图3-188所示。

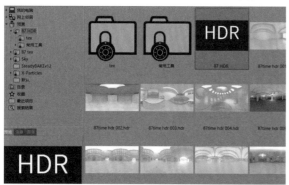

图3-187

图3-188

> **提示** 在使用HDR贴图时，大家可以多尝试几种，不同的环境产生的照明效果也不同。

06 添加了环境后需要进行渲染设置，给场景添加"全局光照"并调节"全局光照"的相关参数，如图3-189所示。

07 调节"全局光照"里的"辐照缓存"参数，设置"记录密度"为"低"，"平滑"为100%，如图3-190所示。

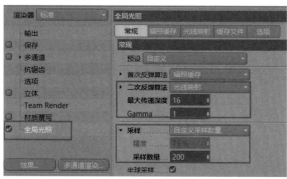

图3-189

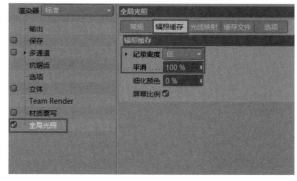

图3-190

08 至此灯光和渲染设置都调节完成，按快捷键Ctrl+R渲染效果，如图3-191所示。

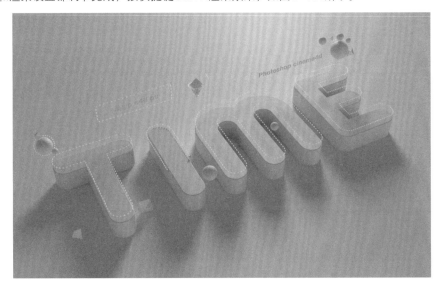

图3-191

3.4.5 添加材质

灯光和渲染设置完成后，就可以添加材质了。本案例中使用的配色仅供参考，读者可以根据自己的喜好或客户的需求来选择需要的颜色。

01 在添加材质之前，按C键把之前的TIME文字组 ＋ ⊕ TIME 🔲 ⦂ ⚙ 转换为可编辑对象⚛。因为要对4个字母分别添加不同颜色的材质，需要把它们分开，转换后得到图3-192所示的效果。

02 按快捷键Ctrl+N新建一个材质球，然后取消勾选"反射"，并调节材质球的颜色，如图3-193所示。

图3-192　　　　　　　　　图3-193

💡 **提示** 材质的学习是最灵活多样的，这部分教学笔者为大家精心录制了教学视频，这样读者对里面的每个参数的体会都能更深刻，书中提供的是材质参数的设置参考图。

03 "T倒角"的颜色设置如图3-194所示。

04 把材质球赋予T字母,由于T字母正面和侧面的材质是同一个颜色,所以要把T的材质放在倒角材质的前面,然后更改倒角材质的选集为R1,如图3-195所示。

05 由于M和E字母的颜色与T字母是相反的,因此这里直接把T字母的材质添加给M和E字母,如图3-196所示。

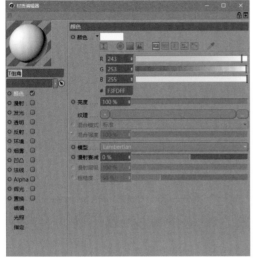

图3-194　　　　　　　　　　　　图3-195　　　　　　　　　　　　图3-196

06 I字母材质球的参考数值,如图3-197所示。

07 虚线部分的材质参考数值,如图3-198所示。

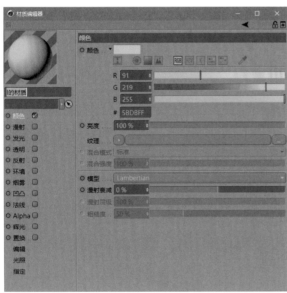

图3-197　　　　　　　　　　　　　　　　　　　图3-198

08 至此,主体文字部分的材质都添加完成了,接下来添加元素部分和修饰部分的材质,参数设置如图3-199和图3-200所示。

09 调节完成后的效果,如图3-201所示。

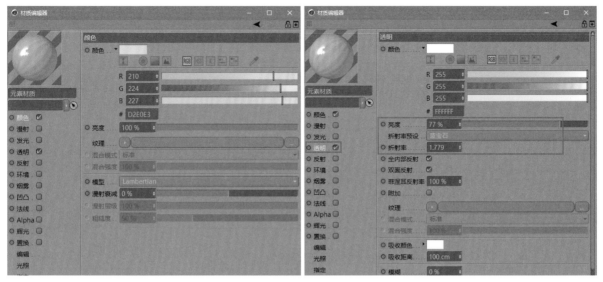

图3-199

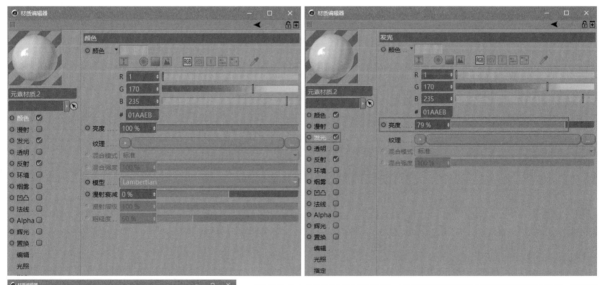

图3-200

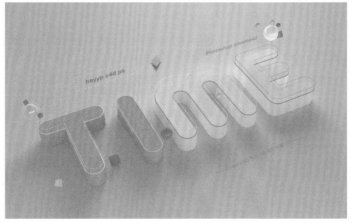

图3-201

10 下面对场景进行渲染。在渲染之前给场景添加"环境吸收"选项，注意不要勾选"应用到工程"选项，如图3-202所示。

11 选中模型组，然后单击鼠标右键添加"合成"标签，如图3-203所示，以便后期在Photoshop里进行调节。分别为添加的"合成"标签启用对象缓存，如图3-204所示。

图3-202   图3-203

图3-204

12 在"渲染设置"里勾选"多通道"选项，然后添加"RGBA图像""环境吸收"和3个"对象缓存"选项，如图3-205所示。将"对象缓存"的"群组ID"依次修改为1、2和3，如图3-206所示。

13 单击"保存"选项，然后选择要输出文件的路径，接着就可以把渲染的图像输出保存了，参数设置如图3-207所示。

图3-205

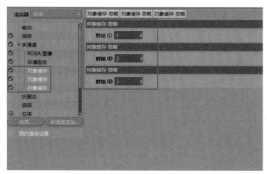

图3-206   图3-207

80

3.4.6 后期调节

01 渲染完成后得到图3-208所示的两个文件，然后在Photoshop中打开TIME.psd文件进行后期调色和修改。

TIME.psd   TIME.tif

图3-208

02 在Photoshop中打开后的效果，如图3-209所示。

03 先将"环境吸收"图层隐藏，然后将"背景"图层复制一份，接着给"背景 拷贝"图层添加"亮度/对比度"，并调节"亮度/对比度"的属性，如图3-210所示。

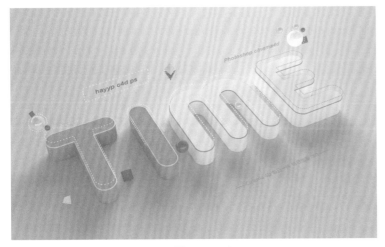

图3-209

图3-210

04 添加"亮度/对比度"后，可以观察到画面变亮但是对比度不强，因此还需添加"环境吸收"，接着把"环境吸收"图层的"不透明度"调整为17%，如图3-211所示。

05 关于Photoshop后期调色部分，读者可根据自己的需求进行调整。本案例最终完成效果如图3-212所示。

图3-211

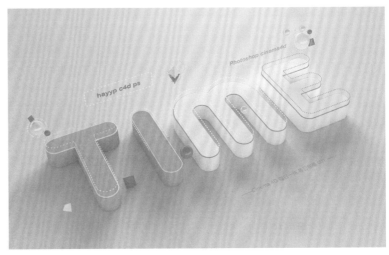

图3-212

3.5 C4D在线教室封面的制作

本案例是常用的以文字为主的宣传图，文字的大小对比强烈，重点刻画了大标题的质感，让其细节更加丰富，小标题很小，在深色背景的承托下显得很精致，下面的边框元素让画面显得很生动。本案例的制作从Illustrator开始到Cinema 4D再到Photoshop，一步步地学习多软件的配合技巧。

◇ 场景位置	无
◇ 实例位置	实例文件>CH03> 3.5 C4D在线教室封面的制作
◇ 视频名称	3.5 C4D在线教室封面的制作

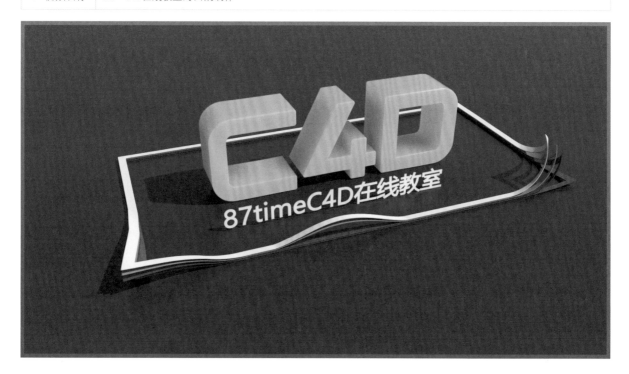

本案例重点

» 使用 Illustrator 设计文字，创建文字的多层轮廓　　　» 扭曲、挤压、材质凹凸的应用　　　» 简单材质的调节技巧

» 分层渲染技巧　　　» Photoshop 后期合成技术

3.5.1 路径制作部分

01 在Illustrator里建立一个2000像素×2000像素的文档，然后使用左侧工具栏中的"钢笔工具"绘制文字C4D的路径，效果如图3-213所示。

02 使用"选择工具"选择D字母右边路径上的点（图3-214中红色箭头所指的点），然后将鼠标左键滑动到绿色箭头所指的小圆点上，接着按住鼠标左键向左滑动，将其调节为圆角状态，如图3-215所示。再用同样的方法将"C"字母调节为圆角。

03 在属性栏里面调整"描边"的数值为50，如图3-216所示。

图3-213

图3-214

图3-215

图3-216

04 使用菜单栏中的"对象-路径-轮廓化描边"命令把文字路径转化成轮廓,如图3-217所示,然后使用同样的方法,选中所有直角点进行倒角,效果如图3-218所示。

05 选中文字4的两条路径,然后用"路径查找器"中的"联集工具"将这两条路径合并,如图3-219所示。

图3-217

图3-218

图3-219

3.5.2 使用Cinema 4D制作部分

01 把在Illustrator中制作好的路径导入Cinema 4D并进行挤压生成模型。设置"顶端""末端"都为"圆角封顶"，然后将"步幅"和"半径"设置为相对较小的数值，使其显得精致，如图3-220所示。

02 创建一个"平面"作为地面，然后创建一个文本并输入"87time C4D在线教室"，如图3-221所示。

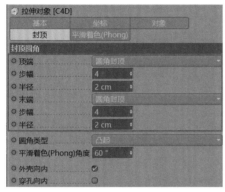

图3-220　　　　　　　　　　　　　　　　　　　　　图3-221

03 创建一个"矩形"样条并设置参数，然后调整矩形样条在视图中的位置，如图3-222所示。

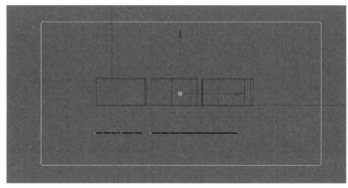

图3-222

04 把矩形转换成可编辑对象，然后单击鼠标右键选择"创建轮廓"选项，并调整到合适的位置，如图3-223所示。

05 给"矩形"添加"挤压"生成器，如图3-224所示。

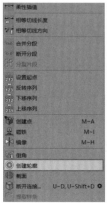

图3-223　　　　　　　　　　　　　　　　　　　　　图3-224

06 创建一个"扭曲"变形器并进行调节，参数设置如图3-225所示，模型效果如图3-226所示。

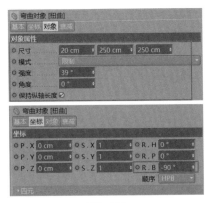

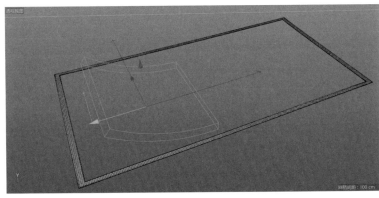

图3-225　　　　　　　　　　　　　　　　　　　图3-226

> 💡 **提示**　"扭曲"变形器需要先调整参数和方向，然后再和需要扭曲的物体发生关系。

07 选中修改后的矩形，然后按快捷键Alt+G将其组合在一起，接着调整"扭曲"变形器的位置和扭曲的程度，参数设置及效果如图3-227所示。

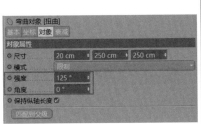

图3-227

08 复制一个"扭曲"变形器，然后添加FFD变形器，接着调整FFD的参数和FFD点的位置，如图3-228和图3-229所示。

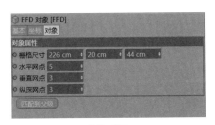

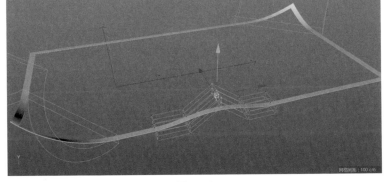

图3-228　　　　　　　　　　　　　　　　　　　图3-229

> 💡 **提示**　一个组里面可以有多个变形器同时发生作用。

09 复制多个组别，然后分别调整其位置和扭曲的效果，如图3-230所示。

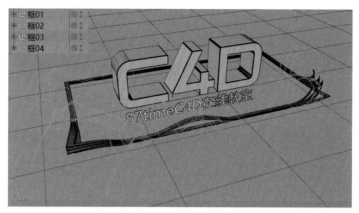

图3-230

至此整个场景的模型制作完成，接下来的检查场景是非常重要的一步，读者应该养成在模型制作完成后检查的习惯。

3.5.3 灯光创建

01 模型检查完后，需要在场景中创建摄像机。用摄像机调节好构图，然后创建"物理天空"，并调节"物理天空"的参数，如图3-231所示。

02 在时钟图标处拖动鼠标可以调节时间，也就是太阳的位置，如图3-232所示。

图3-231

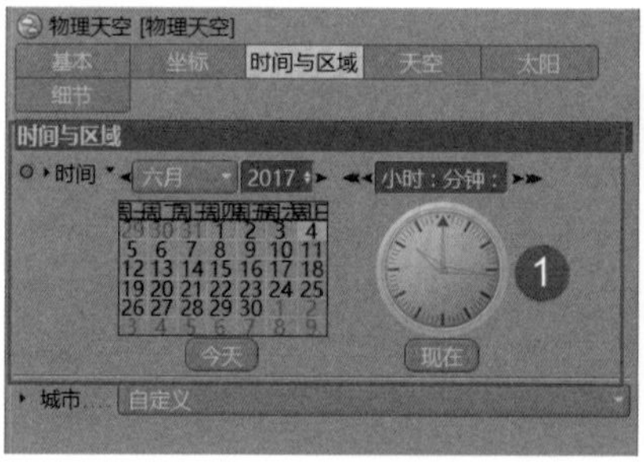

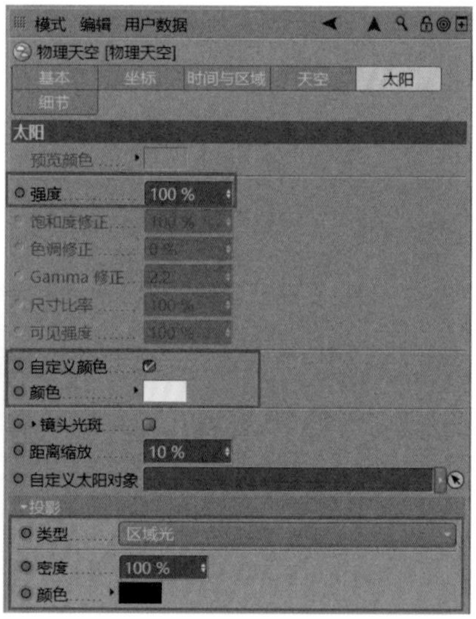

图3-232

03 按快捷键Ctrl + R进行渲染，如图3-233所示。

图3-233

3.5.4 添加材质

01 地面的材质效果和参数设置如图3-234和图3-235所示。

图3-234

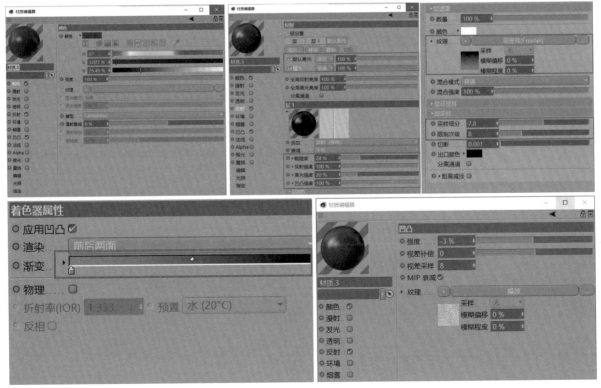

图3-235

02 文字的材质参数设置如图3-236所示。

03 "87timeC4D在线教室"的材质参数设置如图3-237所示。

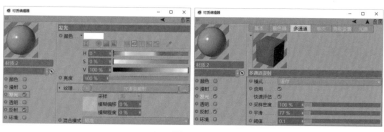 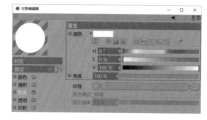

图3-236　　　　　　　　　　　　　　　　　　　　　图3-237

04 边框材质的效果，如图3-238所示。边框材质相对简单只是在颜色上做了调整，边框材质用的是统一的反射高光，参数设置如图3-239~图3-242所示。

图3-238

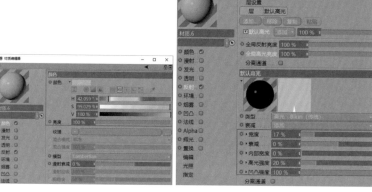 

图3-239　　　　　　　　　　　　　　　　　　　　　图3-240

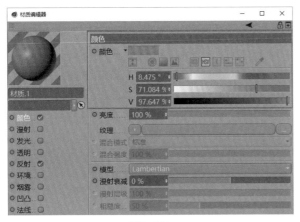

图3-241　　　　　　　　　　　　图3-242

3.5.5 渲染输出

01 材质调节完成以后就可以渲染输出了。这里把场景分成4部分渲染，这样做在后期有更多的调节空间，如图3-243所示。

02 给4组对象添加"合成"标签，然后设置相应的对象缓存ID，如图3-244和图3-245所示。

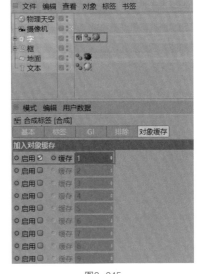

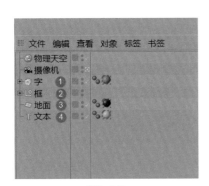

图3-243　　　　　　　　　　图3-244　　　　　　　　　　图3-245

03 按照上述方法设置其他3个标签，但是开启的通道分别为2、3、4，如图3-246~图3-248所示。

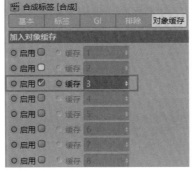

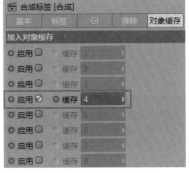

图3-246　　　　　　　　　　图3-247　　　　　　　　　　图3-248

04 设置渲染参数，如图3-249~图3-252所示。

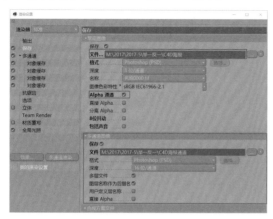

图3-249

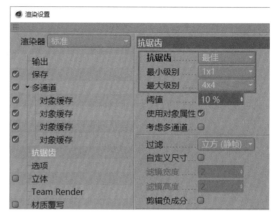

图3-250

图3-251

图3-252

05 场景的最终渲染效果如图3-253所示。

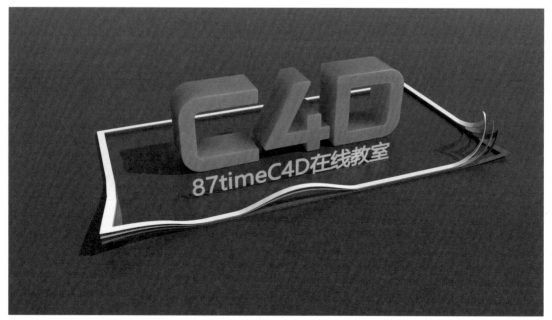

图3-253

3.5.6 后期调节

01 在Photoshop中打开渲染好的文件，发现画面比较灰暗，如图3-254所示。

图3-254

> **提示** 使用灰色调可以方便后期进行调整，如果前期渲染曝光就无法进行后期弥补了，在渲染的时候可以把灯光调得灰一些。

02 在C4D海报的"通道"里面有"对象缓存1""对象缓存2""对象缓存3"和"对象缓存4"，如图3-255所示。通过4个通道把C4D文字、小字、地面、框都抠出来，使其成为独立的图层。

03 调整"C4D""小字"图层的混合模式为"滤色"，如图3-256所示。

04 重复上面的操作，再复制出一层，以提高文字的亮度，如图3-257所示。

图3-255

图3-256

图3-257

05 最终效果如图3-258所示。

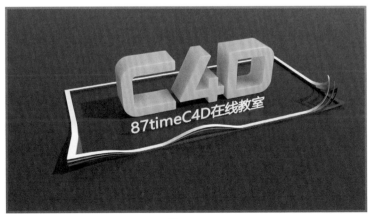

图3-258

3.6 全场促销海报的制作

本案例介绍常见文字版式的应用。文字版式既能丰富画面，又能增加文字的识别性，所以在保证视觉风格统一的情况下，可以让文字有一些小的细节变化。

◇	场景位置	无
◇	实例位置	实例文件>CH03>3.6 全场促销海报的制作
◇	视频名称	3.6 全场促销海报的制作

本案例重点

» 使用 Illustrator 配合 Cinema 4D 创建文字轮廓   » 扫描创建轮廓与扫描制作元素对象

» 分开渲染不同元素并进行后期处理

3.6.1 模型的制作

01 在Illustrator中创建一个"宽度"与"高度"均为1500像素的工程文件，如图3-259所示。

> **提示** Illustrator中创建的工程文件的大小会影响导入Cinema 4D中路径的大小。虽然在Cinema 4D里可以把路径放大或缩小，但如果一开始创建的大小就合适的话，在之后的工作中能有效地提升工作效率。一般设置文件大小为1000~2000像素。

图3-259

02 使用Illustrator里的"文本"工具绘制出"全场促销"的文字，然后选择合适的字体与大小，这里使用了"站酷高端黑"字体，"大小"为260pt，如图3-260和图3-261所示。

03 由于步骤02中设置的字体在Cinema 4D里面并不支持，因此需要把文字转换为路径。选中文字，然后单击鼠标右键选择"创建轮廓"选项，如图3-262所示。执行操作后即可把文字转换成Cinema 4D可以识别的路径。

| 图3-260 | 图3-261 | 图3-262 |

04 使用"选择"工具，框选一个或者多个文字进行大小与位置的调整，如图3-263所示。

图3-263

05 用同样的方法创建出其他的文字。对所有文字都执行"创建轮廓"命令，将其转换为路径，如图3-264所示。

06 保存时，将其储存为8.0的格式，如图3-265所示。

07 选中"全场促销"这个路径，然后执行"对象-路径-偏移路径"菜单命令，如图3-266所示。

图3-264

图3-265

图3-266

93

08 设置"位移"数值和"链接"方式，然后勾选"预览"选项查看效果，如图3-267所示。

09 单击"确定"按钮后，便会得到图3-268所示的效果，在原来的路径上增加了一组更粗的路径。

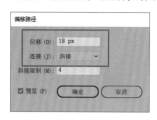

图3-267

图3-268

10 按快捷键Shift + Ctrl + F9打开"路径查找器"窗口，然后执行"联集"操作，如图3-269所示。执行操作后，即可合并路径，如图3-270所示。

图3-269

图3-270

11 用同样的方法制作出其他文字，如图3-271所示。

图3-271

> 💡 提示 在制作边框的时候，注意不要对路径进行移动，这样在Cinema 4D里就能保证边框路径与之前的文字路径位置相同。

12 在Illustrator中的工作到这里就结束了，路径都保存为8.0格式，如图3-272所示。

13 打开Cinema 4D，执行"文件-打开"命令，系统自动弹出导入选项的面板，这里保持默认设置即可，如图3-273所示。

图3-272

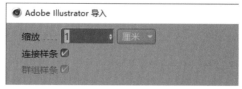

图3-273

14 导入文件后，不要对路径进行任何更改，然后执行"文件-合并"命令，如图3-274所示，把做好的边框路径文件合并进来，这样操作是为了保证导入的文字与边框保持在同一位置。

15 成功导入后便会得到图3-275所示的效果。

图3-274   图3-275

16 如果仔细观察会发现，导入的路径并不在世界坐标的中心，这样不方便后续操作，需要把它的坐标归零。在红框内右边的小箭头处单击鼠标右键，即可快速将坐标归零，如图3-276所示。

17 对路径进行整理分组。先整理出"全场促销"路径，然后为其加载"挤压"生成器，将其转换为模型，此时子层级有多个对象，需要勾选"层级"选项，如图3-277所示，"挤压"生成器的参数设置如图3-278所示。

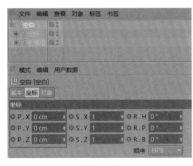      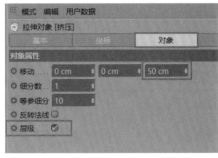

图3-276   图3-277   图3-278

18 设置"顶端"和"末端"都为"圆角封顶"，其他参数设置如图3-279所示。这里的数值仅供参考，读者可根据自己的模型需求进行灵活调整。至此，"全场促销"模型创建完成，如图3-280所示。

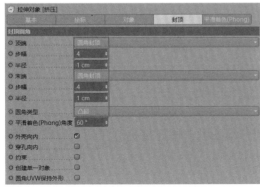   

图3-279   图3-280

19 对"全场促销"底板的路径进行整理，删除一些小转折处的点，效果对比如图3-281和图3-282所示。

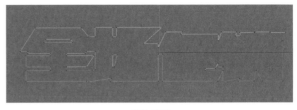

图3-281

图3-282

20 挤压出文字背景底板并调节到适当的位置，这里笔者向Z方向进行了移动，如图3-283所示。

图3-283

21 将边框路径复制一份并进行扫描，然后调节矩形的大小，参数设置如图3-284所示，模型效果如图3-285所示。

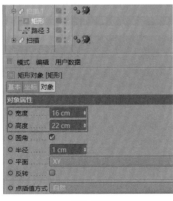

图3-284

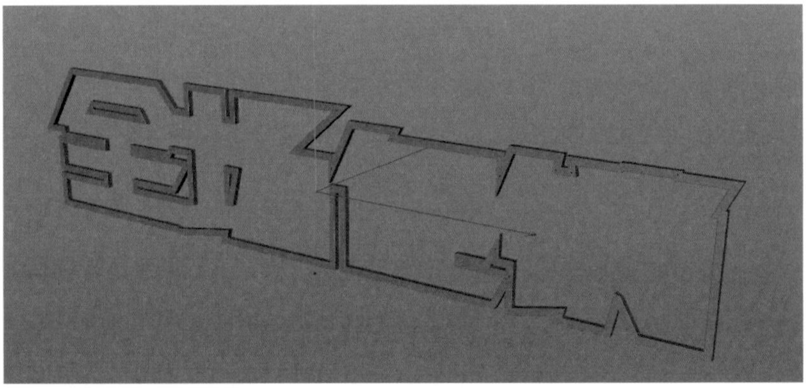

图3-285

22 复制整个描边，然后调节矩形的"高度"与"宽度"数值，让它比第一组更大一些，参数设置如图3-286所示。这样就完成了文字轮廓双层边的结构制作，如图3-287所示。

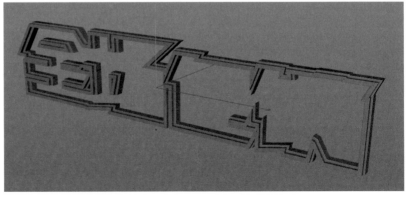

图3-286

图3-287

23 将边框模型与之前制作好的文字模型进行组合，如图3-288所示。

24 用同样的方法制作出其他的模型，如图3-289所示。

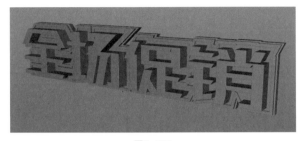

图3-288

图3-289

25 创建一个"星形"对象，然后设置"点"为5，接着调节合适的内外半径，参数设置如图3-290所示。

26 将步骤25中创建的"星形"进行挤压，参数设置如图3-291所示，效果如图3-292所示。

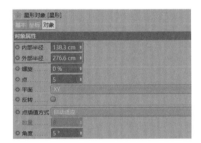

图3-290

图3-291

图3-292

27 将星形模型与字体模型组合，此时主体元素的模型创建完成，如图3-293所示。

图3-293

28 创建一个"多边"样条，然后设置"半径"为274.018cm，"侧边"为3，"点插值方式"为"自然"，"数量"为15，如图3-294所示。

29 将步骤28中创建的样条进行挤压，生成一个三角片，如图3-295所示。

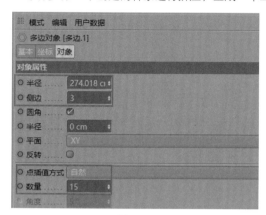
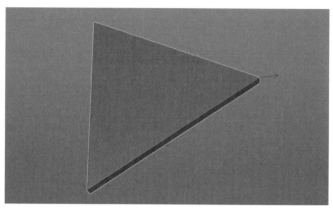

图3-294 图3-295

30 创建两个多边样条A和B，然后设置"侧边"都为3，接着设置A样条的"半径"约为48cm，"点插值方式"为"自然"，"数量"为10；再设置B样条的"半径"约为400cm，"数量"为0，参数设置如图3-296和图3-297所示，模型效果如图3-298所示。

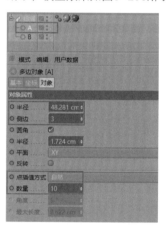
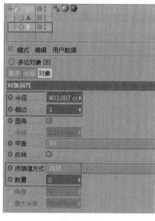
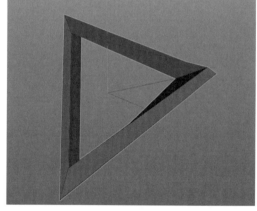

图3-296 图3-297 图3-298

31 创建一个"宝石"对象，然后加载"爆炸"变形器，接着将"爆炸"作为"宝石"的子对象，如图3-299所示，模型效果如图3-300所示。

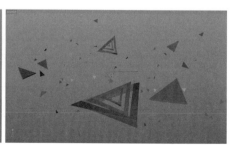

图3-299 图3-300

3.6.2 场景摄像机与灯光材质

01 创建一个摄像机，然后把摄像机的"焦距"设置为25，如图3-301所示。

02 将摄像机调整到合适的构图，如图3-302所示。

图3-301   图3-302

03 用之前案例中讲到的方法创建出灯光，如图3-303所示。注意灯光、摄像机和模型间的关系，如图3-304所示。

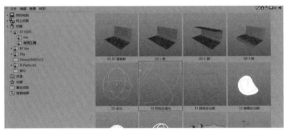

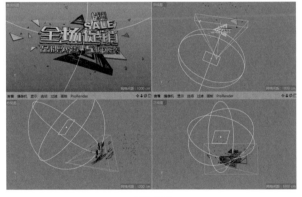

图3-303   图3-304

04 在"工程设置"里将"默认对象颜色"设置为"80%灰色"，如图3-305所示。

05 设置"全局光照"的参数，如图3-306所示。

图3-305   图3-306

06 载入87 HDR文件进行渲染测试，如图3-307所示，
效果如图3-308所示。

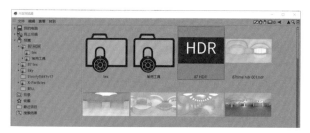

图3-307

图3-308

> 💡 **提示** 一个光源(目标区域光)＋87time HDR＋全局光照，这样的组合可以满足绝大多数场景的需要。

07 接着为场景赋予材质，这里使用的材质都是纯色加反射这种简单的类型，反射的强度一般在7%~15%，读者可以多次渲染以找到合适的数值，材质球的参数设置如图3-309~图3-314所示，仅供大家参考。赋予材质后的效果如图3-315所示。

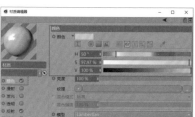

图3-309

图3-310

图3-311

图3-312

图3-313

图3-314

图3-315

3.6.3 渲染与后期合成

01 接下来对场景进行分开渲染。将场景进行整理，主体部分如图3-316所示，背景元素部分如图3-317所示。

图3-316

图3-317

02 首先渲染主体部分。在背景层添加"合成"标签，然后取消选中"摄像机可见"选项，如图3-318所示。这样就可以输出没有背景的主体图片。

03 设置好渲染参数，注意勾选"Alpha通道"与"直接Alpha"选项，如图3-319所示。

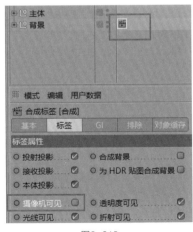

图3-318

图3-319

04 按快捷键Shift + R进行渲染，效果如图
3-320所示。

💡 提示 由于显示原因，图片背景为黑色，导
入Photoshop后，图片就会显示为透明背景。

图3-320

05 用同样的方法渲染背景，给主体添加"合
成"标签，并取消选中"摄像机可见"选项，如
图3-321所示，渲染效果如图3-322所示。

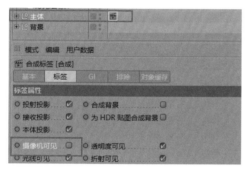

图3-321

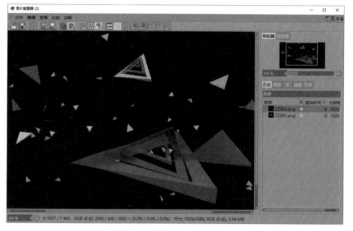

图3-322

💡 提示 直接隐藏和对摄像机可见有什么区别呢？直接隐藏，渲染的背景元素不会有主体的投影；取消选中"摄像机可见"
选项，渲染的背景元素中会有主体的投影与反射等信息。

06 将渲染好的两张素材导入Photoshop，然后为其添加一个蓝色的背景，如图3-323所示。

07 选择背景元素中的一些三角片，执行"模糊–动感模糊"命令，如图3-324所示。

图3-323

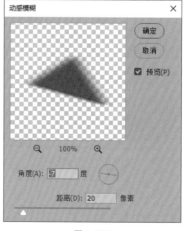

图3-324

08 不同地方的动感模糊的"角度"与"距离"都设置得不同，最终效果如图3-325所示。

图3-325

3.7 即刻换新海报的制作

　　本案例为电商海报的制作，在制作之前需要整理制作的需求。首先是项目梳理，包括海报制作节点、项目产品特点和目标客户群体的属性，其次是创作思路，最后是根据市场反馈总结经验。

◇ 场景位置	无	
◇ 实例位置	实例文件>CH03>3.7　即刻换新海报的制作	
◇ 视频名称	3.7　即刻换新海报的制作	

本案例重点

» "即刻换新"电商海报创意思路　　　» 使用 Illustrator 设计文字及文字的多层轮廓创建

» 挤压、扫描、置换的应用　　　　　» 反射材质的调节技巧　　　　» 分层渲染技巧　　　　» 后期合成技术

3.7.1 模型的制作

01 在Illustrator里建立2000像素×2000像素的文档，然后在左侧工具栏中选择"文本"工具 **T**，接着输入文字"即刻换新"，并选择合适的字体，再调节字符参数，这里使用的字体是"站酷高端黑"，参数设置如图3-326所示。最后对文字进行拉长处理，如图3-327所示。

图3-326   图3-327

02 使用"选择"工具 **▶** 选中输入的文字，并单击鼠标右键执行"变换-倾斜"命令，如图3-328所示；然后在"倾斜"面板中对"斜面角度"进行调节，接着选中"垂直"单选按钮，再勾选最下方"预览"复选框进行最终效果的预览，如图3-329所示。

图3-328   图3-329

03 选中文字，然后单击鼠标右键选择"创建轮廓"选项，如图3-330所示；接着双击选中单个文字，对其进行位置上的调整，修改文字版式，并加入副标题"手机换新季"，如图3-331所示。完成版式调整后，保存为8.0格式的Illustrator工程文件，至此在Illustrator中的工作已经完成。

图3-330   图3-331

04 把制作好的Illustrator路径导入Cinema 4D，进行挤压生成模型。根据前面所学的知识内容，把文字分成两组，分别为"即刻换新"与"手机换新季"。设置"手机换新季"的"顶端"为"圆角封顶"，将"步幅"和"半径"设置为相对较小的数值，使其更精致，参数设置如图3-332所示。"即刻换新"可以不用倒角，因为要在它的前方做一些细节模型。

图3-332

05 复制一个"即刻换新"模型，然后将"顶端"设置为"圆角封顶"，"步幅"设置为1，"半径"设置为8cm，如图3-333所示。

图3-333

06 将步骤05制作的模型与前面的模型进行组合，并调整到合适的位置，如图3-334所示。蓝色模型为后面复制出来的模型。

图3-334

07 复制或重新导入一份路径，然后选择所有路径，接着单击鼠标右键执行"连接对象+删除"命令，这样就能得到一个整体的路径，方便对其进行扫描，如图3-335所示。

08 为步骤07中创建的路径加载一个"扫描"生成器，扫描的截面为"矩形"，然后设置矩形的"高度"与"宽度"都为10cm，完成效果如图3-336所示。

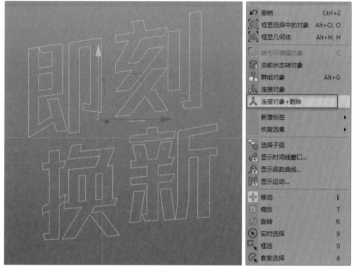

图3-335

图3-336

09 将步骤08中扫描的模型与其他文字进行组合，这样一层一层地叠加，模型就有了越来越多的细节，如图3-337所示。这个方法和思路可以灵活应用到各类文字制作中。

10 制作最后一层细节。把扫描的部分复制一组，然后将矩形的"宽度"设置为4cm，"高度"设置为6cm，即可得到一层更精致的模型，接着将其组合在文字的最前方，如图3-338所示。

图3-337

图3-338

11 为整个文字模型增加一些细节，使其在视觉上更有质感，如图3-339所示。

图3-339

> 💡 提示　模型的不同颜色是为方便读者观察，所做出的区分，不是实际的操作。

12 创建一个"宝石"对象，然后设置"分段"为4，"类型"为"二十面"，如图3-340所示。

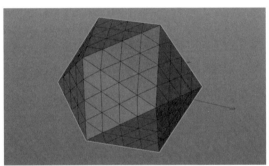

图3-340

13 为"宝石"加载一个"置换"变形器，然后在"着色器"通道中加入"噪波"选项，如图3-341所示。

14 返回"对象"选项卡，然后将"高度"设置为300cm，如图3-342所示，模型效果如图3-343所示。

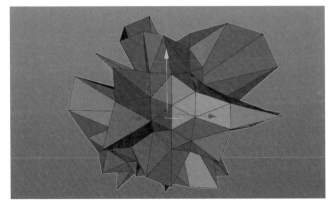

图3-341　　　　　　　　图3-342　　　　　　　　　　　图3-343

15 切换到"着色"选项卡，然后单击噪波图形进入"噪波着色器"面板，接着设置"噪波"类型为"置换湍流"，如图3-344所示。执行操作后，即可得到一个非常酷的背景元素。

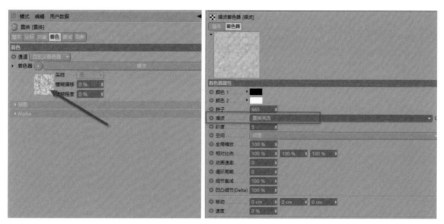

图3-344

16 把它们整体复制一份，然后为复制出来的模型加载"晶格"生成器，接着设置"圆柱半径"为0.03cm，"球体半径"为1cm，如图3-345所示。此时，最大的一个背景元素就制作完成了，如图3-346所示。

图3-345   图3-346

💡 提示 制作不同元素时，可以新建多个工程来制作，制作完成后再放入整体工程里，这样会提高工作效率。

17 接下来制作空间中的小元素，注意小元素要和大的背景元素相呼应。创建一个"宝石"对象，然后把"类型"设置为"八面"，接着在坐标选项的Y方向上单独进行调节，参数设置如图3-347所示，小元素01的效果如图3-348所示。

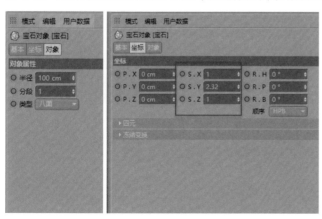

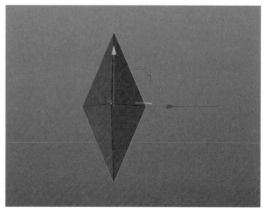

图3-347   图3-348

18 创建一个"角锥"对象，然后调节尺寸，参数设置如图3-349所示，小元素02的效果如图3-350所示。

19 把制作好的背景与元素加入整体场景，小元素需要多复制几个，并微调参数和旋转角度，让它们有不同形态的变化，效果如图3-351所示。

图3-349　　　　　　　　　　图3-350　　　　　　　　　　图3-351

至此，整个场景的模型就制作完成了。在模型制作完成之后，我们还需要进行模型的检查。

3.7.2 添加灯光和材质

01 在场景中创建摄像机并调节好构图，然后打开"内容浏览器"窗口，接着在87time HDR里找到"10目标区域光"，并双击加入灯光，如图3-352所示。

02 复制一盏"10目标区域光"，一左一右对场景进行照明，如图3-353所示。

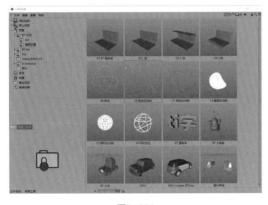
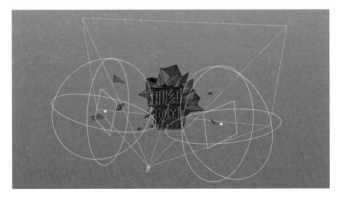

图3-352　　　　　　　　　　　　　　　　图3-353

03 进行渲染测试，可以观察到模型被照亮了，但是整个场景依然比较黑，如图3-354所示。

04 打开"内容浏览器"窗口，然后找到"87 HDR"的选项，并双击加入场景，如图3-355所示。

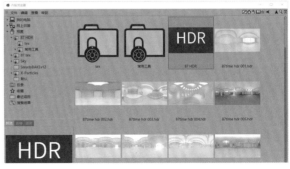

图3-354　　　　　　　　　　　　　　　　图3-355

109

05 调节"全局光照"的参数，如图3-356所示。

06 再次进行渲染测试，此时整个画面光影效果合适，如图3-357所示。至此，灯光设置就完成了。

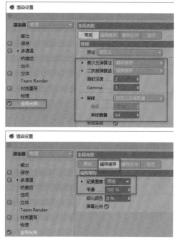

图3-356

图3-357

07 下面进行材质的设置。文字正面的材质参数设置如图3-358~图3-360所示，效果如图3-361所示。

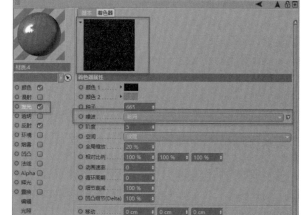

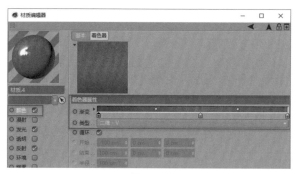

图3-358

图3-359

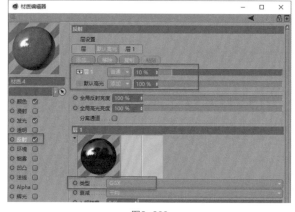

图3-360

图3-361

110

08 文字亮红色扫描边的材质参数设置如图3-362~图3-364所示，效果如图3-365所示。

图3-362

图3-363

图3-364

图3-365

09 文字蓝色层描边的材质参数设置如图3-366和图3-367所示，效果如图3-368所示。

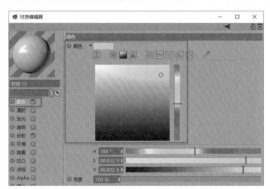

图3-366

图3-367

图3-368

10 文字最后一层的材质参数设置如图3-369和图3-370所示，效果如图3-371所示。

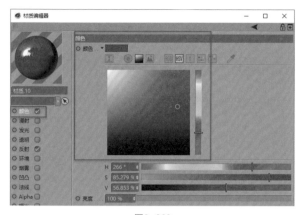
图3-369

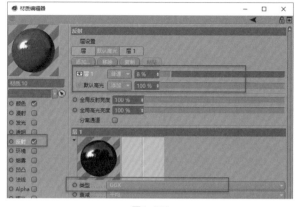
图3-370

图3-371

11 "手机换新季"的材质参数设置如图3-372~图3-374所示，效果如图3-375所示。

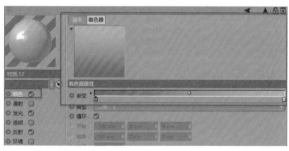
图3-372

图3-373

图3-374

图3-375

12 文字后面的背景材质参数设置如图3-376和图3-377所示，效果如图3-378所示。

图3-376　　　　　　　　　　　　　　　　　　图3-377

图3-378

13 背景元素晶格边的材质参数如图3-379所示，效果如图3-380所示。

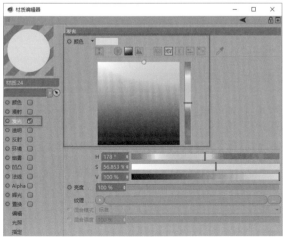

图3-379　　　　　　　　　　　　　　　　　　图3-380

14 背景元素的材质反射参数设置都是一样的，只是渐变的方向与颜色不同。反射都是增加一个GGX层，把强度设置为8%（6%~15%都可以，这里读者可以自行尝试），然后去掉"默认高光"选项，如图3-381所示。元素的渐变颜色设置，如图3-382~图3-387所示。

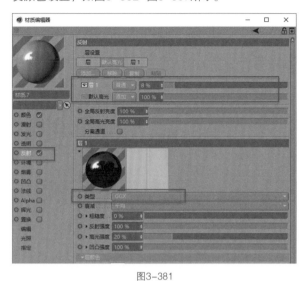

图3-381

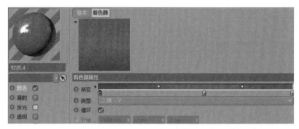

图3-382

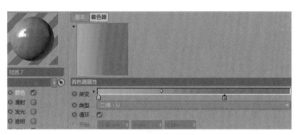

图3-384

图3-383

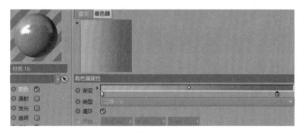

图3-386

图3-385

图3-387

15 将材质赋予模型后，渲染整体效果，渲染后的效果如图3-388所示。这里要注意，元素的位置最后是在Photoshop中调节的，这里需要注意它们的方向，不要产生重叠或遮挡，方便后期调整。

图3-388

3.7.3 渲染与后期合成

材质调节完成以后就可以渲染输出了。这里把场景分成3组，分别进行渲染输出，这样在后期能有更多的调节空间。

01 进行主体的渲染，直接把其他渲染与可见都关闭，如图3-389所示。渲染参数设置如图3-390所示。

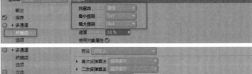

图3-389

图3-390

02 按快捷键Shift＋R进行渲染，效果如图3-391所示。

> **提示** 渲染完成后，在Cinema 4D的图片查看器里，图片显示的是黑色的背景，并且有蚂蚁线一样的边。将图片导入Photoshop即可显示为透明背景的文件。

图3-391

03 渲染背景时在主体模型上添加"合成"标签，然后取消选中"摄像机可见"选项，如图3-392所示。这样渲染出来的背景中就有主体的投影效果，其余渲染参数相同。

04 背景的渲染效果如图3-393所示，可以看到上面有主体的投影效果。

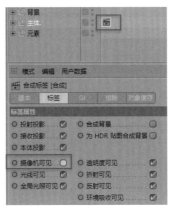

图3-392

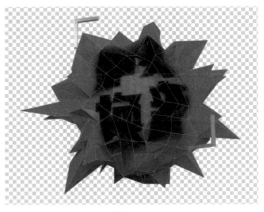

图3-393

05 元素的渲染与主体的渲染一样，只需要隐藏其余两个层即可，如图3-394所示。

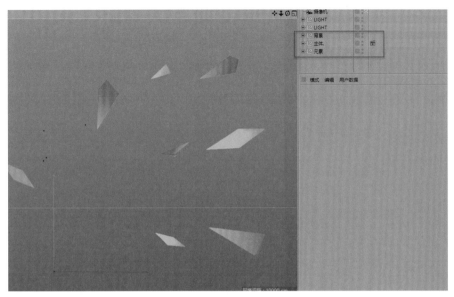

图3-394

06 按快捷键Shift＋R将元素进行渲染，效果如图3-395所示。

07 将渲染后的文件导入Photoshop，然后把3个图层按顺序排好，如图3-396所示。

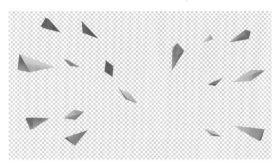

图3-395

图3-396

08 建立一个深色背景，然后调节"画笔"工具的"大小"和"硬度"参数，如图3-397所示，接着选择亮一些的颜色来画出空间关系。每画一个地方就可以新建一个图层，方便调节与控制，如图3-398所示。

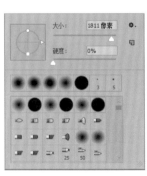

图3-397

图3-398

09 用同样的方法丰富背景，加入细线元素，如图3-399所示。

图3-399

10 在主体与背景层之间建立一个空白图层，然后选择深色，用画笔绘制色块，拉开主体与背景的空间关系，效果如图3-400所示。

图3-400

11 给主体加一个"曲线"调整层，让它的色彩更亮丽，如图3-401所示。

12 把主体文字复制两层，然后使用"滤色"模式，接着对图层添加"蒙版"，绘制出反射层，再调节反射层的"不透明度"数值，如图3-402所示。

图3-401

图3-402

13 使用"色相/饱和度"工具把小字的亮度提亮，如图3-403所示。

图3-403

14 导入手机素材，将其放置在场景中的合适位置，如图3-404所示。注意素材的大小与空间的关系。

图3-404

15 对手机素材进行明暗调整和模糊的细节处理，效果如图3-405所示。

16 把渲染的元素抠出，使其成为一个新图层，然后根据画面位置进行不同角度的动感模糊处理，如图3-406所示。

图3-405

图3-406

17 将元素图层加入场景，注意空间与位置关系，如图3-407所示。

图3-407

18 加入灯光元素，并以"叠加"模式将其加入场景，如图3-408所示，案例最终效果如图3-409所示。

图3-408

图3-409

3.8 气球文字的制作

本案例讲解气球文字的制作。案例颜色丰富，画面生动活泼，适合儿童主题活动。

◇ 场景位置	无
◇ 实例位置	实例文件>CH03>3.8 气球文字的制作
◇ 视频名称	3.8 气球文字的制作

本案例重点

» 气球文字模型的制作　　» 置换制作气球细节　　» 物理渲染景深

3.8.1 模型制作部分

01 打开Cinema 4D，然后在"内容浏览器"中找到"87 圆角字"选项，接着把它加入场景，如图3-410所示。

02 在"坐标"中将模型的坐标归零，如图3-411所示。

图3-410

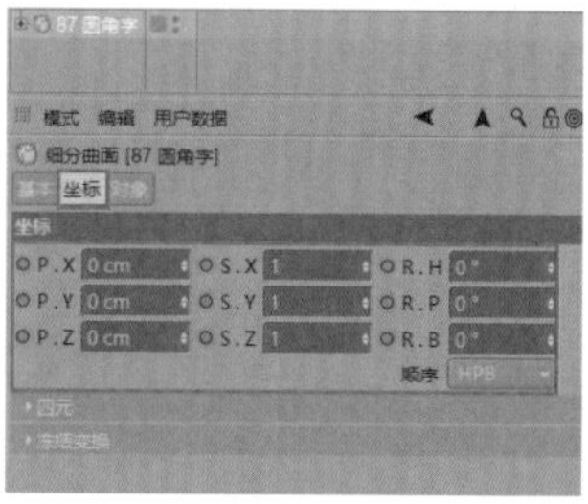

图3-411

03 设置模型的参数，如图3-412所示，效果如图3-413所示。

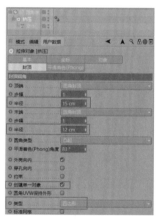

图3-412

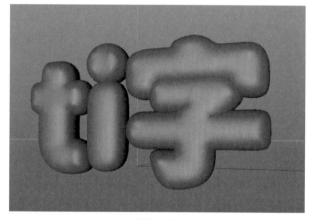

图3-413

04 在"文本"中输入"快"，然后选择合适的字体，接着设置"点插值方式"为"统一"，"数量"为1，如图3-414所示。修改后的模型效果，如图3-415所示。

图3-414

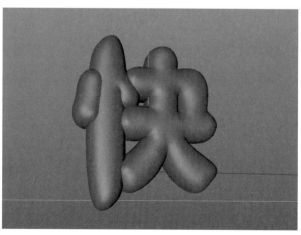

图3-415

05 关闭"挤压"效果，然后切换到正视图，接着调整路径上的点，如图3-416所示。

06 单击鼠标右键选择"创建点"选项，如图3-417所示，为文字路径增加调节点，按Delete键可直接删除点，这样可以更灵活地调整文字形状。

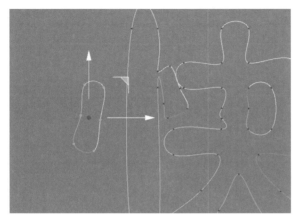

图3-416

合并分段	
断开分段	
分裂片段	
设置起点	
反转序列	
下移序列	
上移序列	
创建点	M~A
磁铁	M~I
镜像	M~H
倒角	
创建轮廓	
截面	

图3-417

07 继续调整文字路径，最终效果如图3-418所示。

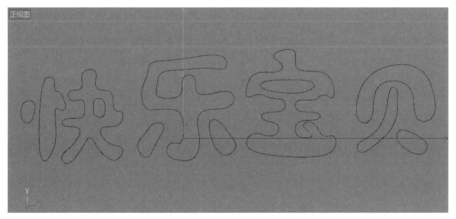

图3-418

> **提示** 读者在操作时，尽量一边调整，一边显示挤压效果，以找到最合适的状态。

08 调整模型的旋转角度与位置关系，主体模型效果如图3-419所示。

09 创建一个"球体"，默认大小即可，然后为其增加"锥化"变形器，如图3-420所示。

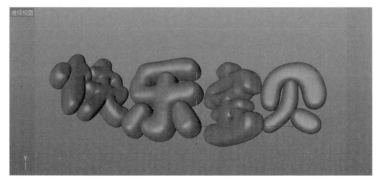

图3-419

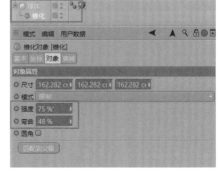

图3-420

10 创建"圆锥"和"圆环"，做出气球的下半部分，如图3-421所示。

11 拼出大概形状后，为其增加一个"置换"变形器，然后在"着色器"中加载"噪波"贴图，如图3-422所示。

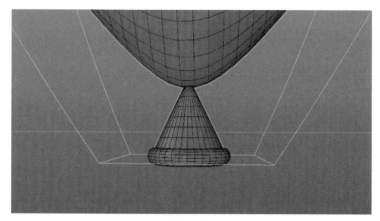

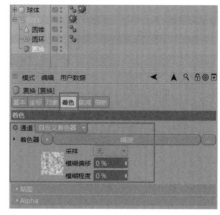

图3-421

图3-422

12 调整置换对象的"强度"与"高度"参数，如图3-423所示，最终效果如图3-424所示。

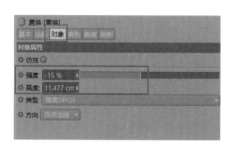

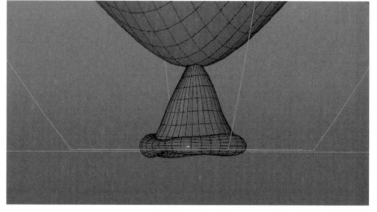

图3-423

图3-424

13 在正视图中使用"画笔"工具绘制出样条，并在透视图中进行空间调整，得到图3-425所示的样条。

14 将步骤13中创建的样条进行扫描，参数设置如图3-426所示，效果如图3-427所示。

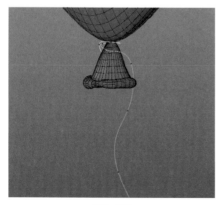

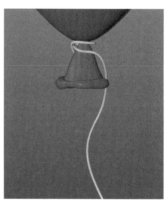

图3-425

图3-426

图3-427

3.8.2 添加摄像机与材质

01 创建一个摄像机，然后设置"焦距"为54，如图3-428所示。

02 调节到合适的构图，注意画面的远近关系，效果如图3-429所示。

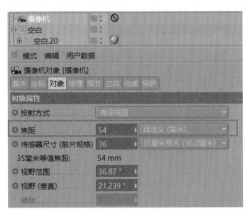

图3-428 图3-429

03 设置材质，这里的材质参数设置仅供读者参考。以紫红色材质球为例，参数设置如图3-430~图3-432所示。

04 参考紫红色材质球，设置其余材质球并赋予模型，效果如图3-433所示。

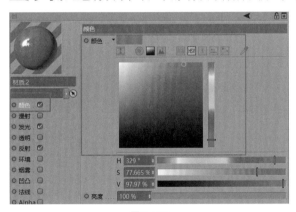

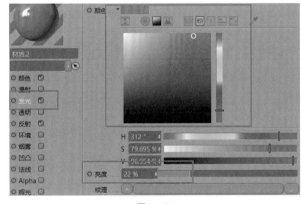

图3-430 图3-431

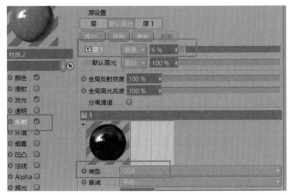

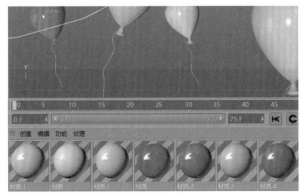

图3-432 图3-433

123

3.8.3 渲染与后期制作

本案例使用物理渲染，物理渲染出的光影更加真实，而且在有模糊效果的场景中，它的渲染速度会更快，渲染出的景深效果也更加真实。

01 在"渲染器"选项中切换到"物理"选项，然后勾选"景深"选项，接着设置"采样器"为"自适应"，"采样品质"为"中"，如图3-434所示。

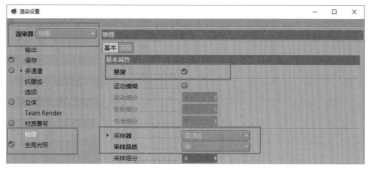

图3-434

> **提示** 测试时"采样品质"也可以使用"低"，最终渲染成品时设置为"中"即可。

02 全局光照的参数设置如图3-435所示。

图3-435

03 选择摄像机，单击"目标距离"选项后的小箭头，如图3-436所示，此时鼠标指针会变成十字形，然后在透视图中单击"乐"字，如图3-437所示。这样渲染出来的图片，"乐"字会是最清晰的部分。

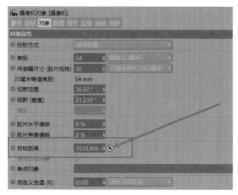

图3-436

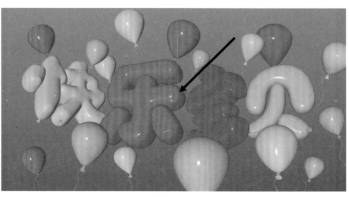

图3-437

04 在摄像机的"物理"选项卡中，设置"光圈"为0.06，如图3-438所示。

图3-438

💡提示 光圈的数值越小，画面越模糊，数值越大，画面清晰的地方就越多。

05 渲染时在"图片查看器"中可以观察到图3-439所示的效果。渲染完成后会发现效果发生了变化，如图3-440所示。这仅仅是显示的问题，导入Photoshop便会显示正常。

图3-439   图3-440

06 将渲染的图片保存后在Photoshop中打开。本案例的合成比较简单，只是增加了背景，在此不做详细介绍。然后对其进行曲线调整，如图3-441所示，案例的最终效果如图3-442所示。

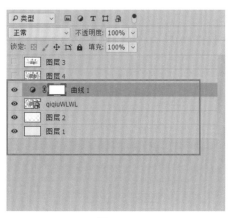 

图3-441   图3-442

3.9 霓虹灯管字的制作

现实生活中，霓虹灯画面由亮亮的灯管及动态发光的扫描管组成，动态发光的扫描管可分为跳动式扫描、渐变式扫描和混色变色7种颜色扫描。扫描管由装有微计算机芯片编程的扫描机控制，扫描管按编好的程序或亮或灭，组成一幅幅流动的画面，引人入胜。本案例学习用Cinema 4D制作出霓虹灯管字的效果。

◇ 场景位置	无
◇ 实例位置	实例文件>CH03>3.9 霓虹灯管字的制作
◇ 视频名称	3.9 霓虹灯管字的制作

本案例重点

» 灯管文字的建立及细节处理　　» 扫描、克隆、连接的应用　　» 玻璃材质和发光材质的调节　　» 后期合成技术

3.9.1 模型的制作

01 在Cinema 4D里使用"文本"工具输入"双12"，"字体"设置为圆体类（霓虹灯管字用圆体类字体比较容易观察笔画走向），效果如图3-443所示。

02 选择"画笔"工具 ✐ 进行灯管绘制。此处有两种绘制方法，一种是一笔成型，类似现实生活中霓虹灯管字的制作，优点是造型完整美观，缺点是比较复杂，绘制时头脑中需要清楚地知道交叉处的笔画应怎样绕开；另一种是分段制作，优点是比较直观，用多段灯管进行拼接即可，缺点是分段过多，每段之间需要连接起来。这里"双"字正好由两个"又"字组成，下面分别展示两种不同的绘制方法。使用一笔成型绘制样条，如图3-444所示。

图3-443

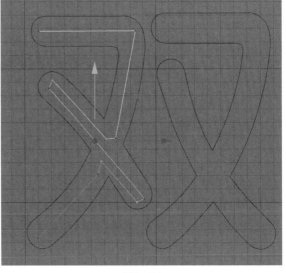
图3-444

提示 一笔成型的绘制关键在于交叉处应如何避开，通常的做法是在交叉处让样条沿z轴方向延伸一段距离，然后再绕回正面。用"画笔"工具在正视图中沿着字体进行绘制，多加的几个点是为了让避开交叉。

03 整体绘制完成后，选中需要沿z轴延伸的点，然后在"位置"的Z处输入20cm，并调节这几个点，让它们分别和前面的点对齐，接着同时选中前后两点，把"尺寸"的X和Y归零，全部调整完毕后如图3-445所示。

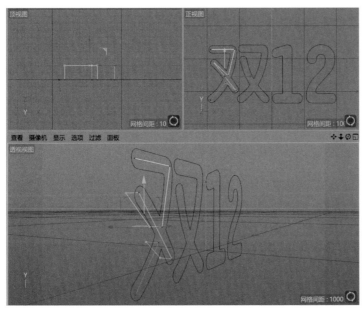
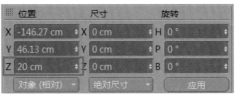
图3-445

04 为了保持弧度，部分细节需要添加点。单击鼠标右键选择"创建点"选项，如图3-446所示。添加点后，单击鼠标右键选择"柔性插值"选项，让线段变弯，如图3-447所示，如果弯度不够，可用手柄进行调整。

> **提示** 调整手柄时一定记得要切换到"移动工具"，并且在正视图中调整。

图3-446

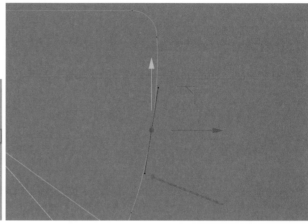

图3-447

05 配合"倒角"工具，可以对路径进行倒角操作，使转角处更加圆滑，如图3-448所示。

> **提示** 图3-448所示中的①为倒角前效果，②为倒角后效果。

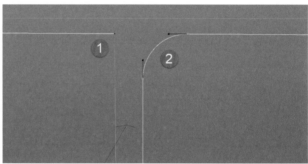

图3-448

06 调整点的位置后，最终的路径效果如图3-449所示。

07 下面使用分段制作法。此方法相对简单，根据笔画直接绘制即可，交叉的地方按Esc键中断，然后再继续绘制下一段。注意，灯管有厚度，所以断开的地方要留出一定间距。重复以上动作直到整个字绘制完成，效果如图3-450所示。

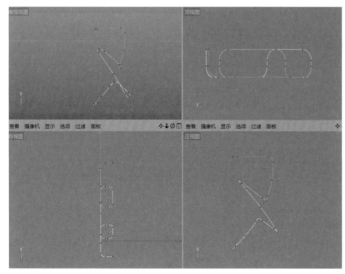

图3-449

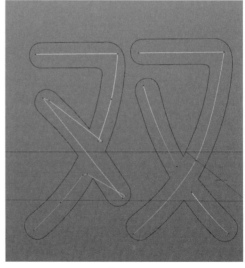

图3-450

08 接下来制作灯管。创建两个直径为8cm的"圆环"样条，然后为其加载"扫描"生成器，接着把圆环和刚才绘制的路径放置在子层级，截面圆环在上，灯管路径在下，如图3-451所示。

图3-451

09 在"扫描"的"封顶"选项卡中，设置"顶端"和"末端"都为"圆角封顶"，然后勾选"约束"选项，保持灯管不变粗，接着调整"步幅"和"半径"，使端头变圆润，如图3-452所示。

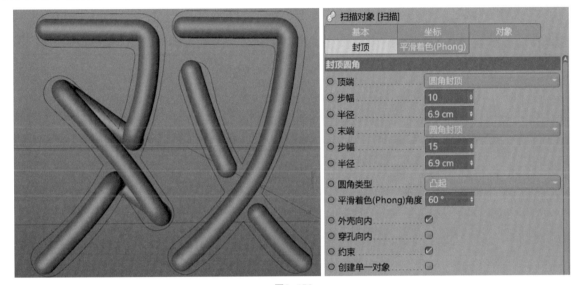

图3-452

10 进行布线调整，选择"显示-光影着色（线条）"模式，然后选中灯管路径，接着将"点插值方式"设置为"统一"，并加大"数量"值，让灯管长度分段增加，使其变得更圆滑，如图3-453所示。

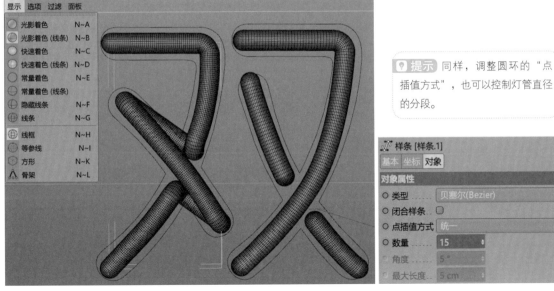

> **提示** 同样，调整圆环的"点插值方式"，也可以控制灯管直径的分段。

图3-453

11 让灯管的两个端头向z轴延伸20cm，以便后面添加灯头和接线。在点模式下选中上端头的点，将光标放在z轴上，并按住Ctrl键向z轴方向拖曳，同时把位置调整为20cm，如图3-454所示。

12 选中下端头的点，拖动后发现出现错误，这是因为样条是有方向的。样条有两种颜色，从白色到蓝色，白色一端为起点，蓝色一端为终点，而按住Ctrl键延伸样条只能从起点开始。选中最下端的点，单击鼠标右键选择"反转序列"选项，如图3-455所示，让样条的起点和终点对调，现在再拖曳就正常了。

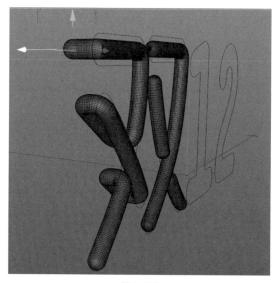

图3-454

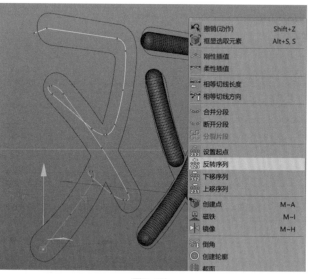

图3-455

13 用同样的方式处理另一个"又"字的所有端头，让它向z轴延伸20cm。选中成直角的点，进行倒角8cm的操作。依照上面的方法做好数字"12"。完成后的模型效果如图3-456所示。

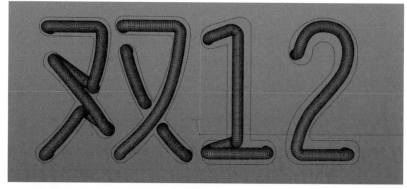

图3-456

14 把制作好的"双12"灯管全部复制一份，然后把"扫描"中"圆环"的"半径"更改为3cm，这样即可在灯管里加一根细的发光灯管，如图3-457所示。

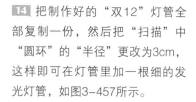

提示 按快捷键N~A切换到光影显示模式后，在"扫描"的"基本"选项卡中勾选"透显"选项，即可让外面的灯管显示为半透明。

图3-457

130

15 接下来制作灯管的尾部和电线部分。把"灯管外"全部再复制一份，然后将复制出的圆环的"半径"设置为 6.9cm，"顶端"设置为"封顶"，接着在"扫描"中设置"开始生长"参数为97.5%，如图3-458所示。这样就制作 出一个灯管的尾部，用同样的方法制作出其他灯管的尾部，如图3-459所示。

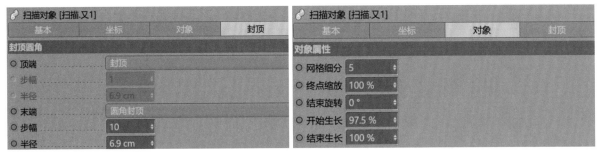

图3-458

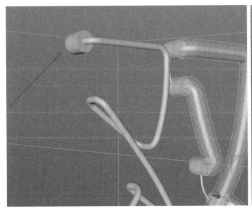

图3-459

16 以同样的方式调节剩下的几个字。因为第2个"又"字是用分段法制作的，整体调节端头生长既不精准又很麻 烦，所以这里选择"又"字样条，然后单击鼠标右键选择"分裂片段"选项，如图3-460所示，把整体样条拆分为 单个笔画样条再来调整。最终效果如图3-461所示。

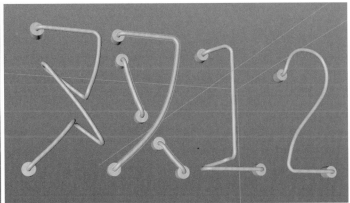

图3-460

图3-461

> **提示** 如果文字的笔画繁多，每一笔都要做两个端头的话会很麻烦，所以也可以只在文字首端和尾端各加一个端头，中间 的灯管用电线统一连起来即可。

17 在正视图中选择"画笔"工具绘制电线，然后把每根灯管都连接起来。绘制的时候注意电线的弧度和走向，同时注意不要连到灯管的点上，如图3-462所示，画一段后就按Esc键中断，再画下一段。画完后新建一个半径为1cm的"圆环"做截面，和电线样条一起放到"扫描"的子层级，如图3-463所示。

图3-462

图3-463

18 新建一个文件，然后建立一个管道，接着设置"内部半径"为7cm（灯管外部圆环半径），"外部半径"为10cm，"高度"为4cm，"旋转分段"为80，"方向"为+X，再勾选"圆角"选项，最后设置"半径"为0.2cm，如图3-464所示。

19 勾选"切片"选项，然后调节"起点"为-105°，"终点"为105°，让圆环形成一个半圆形管夹，接着在下面依次增加3个圆柱和一个立方体，调整尺寸到合适大小，这样就完成了一个管夹的制作，如图3-465所示。

图3-464

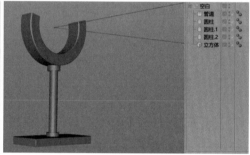

图3-465

20 建立一个"宽度"为200cm，"高度"为400cm的矩形，然后再建立一个"半径"为6.3cm的圆环，接着对圆环进行克隆，克隆的具体参数和效果如图3-466所示。

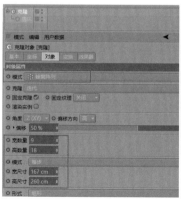

图3-466

> **提示** R18以上的版本才有"蜂窝阵列"模式。
>
> R17及更老版本可使用以下方法。设置克隆"模式"为"网格排列"，然后更改"数量"和"尺寸"让圆环平均分布在矩形内。数量的3个值分别代表x轴、y轴和z轴，x轴设置为单数，如图3-467所示。
>
>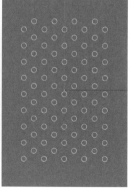
>
> 图3-467

21 新建一个"空白"对象，然后把它和"圆环"放在一起，都作为"克隆"的子层级。执行操作后，可以看到克隆的圆环中间多空出了一个点，这个点只是表明空白对象的位置，并不会被渲染出来，如图3-468所示。

22 按快捷键Alt＋G把"克隆"和"矩形"打组，然后添加"挤压"生成器并勾选层级。执行操作后，发现不能正确识别圆环生成的小孔，接着添加一个"连接"生成器，把"矩形"和"克隆"放到它的子层级，再次对"连接"添加"挤压"生成器即可，如图3-469所示。

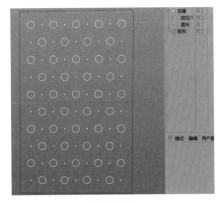 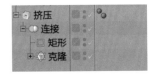

图3-468 图3-469

> **提示** 空白对象在圆环的上方还是下方，图形会有变化，克隆数量X为单数还是双数，图形也会有变化，读者可以多尝试。

23 把"挤压"的"顶端"更改为"圆角封顶"，将"半径"设置得很小，让圆孔周围有轻微的倒角，整体更加美观，参数设置如图3-470所示。这样就做好了一块背景板，给它添加"克隆"，调整距离，使其铺满整个背景。

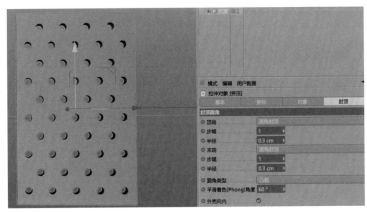

图3-470

24 把做好的管夹打组复制到灯管工程里，并调整位置让它刚好卡住灯管。同时复制多个，让每根灯管上都有一个管夹，长灯管可以有多个，注意调节管夹角度让它不要和灯管弯曲部分交叉，如图3-471所示。

25 把背景板合成到场景中，这样就完成了霓虹灯管字全部模型的创建，如图3-472所示。

 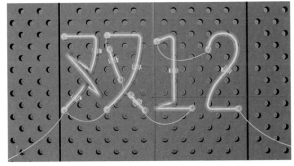

图3-471 图3-472

3.9.2 灯光与材质

01 为场景创建两个"10目标区域光"灯光,如图3-473所示。

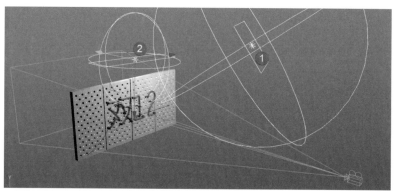

图3-473

02 设置"环境"与"全局光照"的相关参数,如图3-474和图3-475所示。

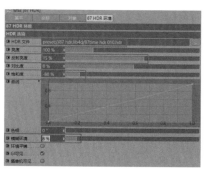

图3-474

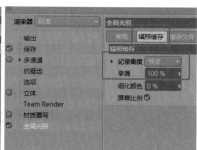

图3-475

03 灯光设置完成后的效果如图3-476所示。

04 接着设置背景板的材质,具体参数设置如图3-477和图3-478所示。

图3-476

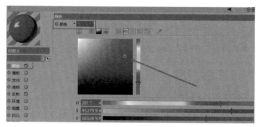

图3-477

图3-478

05 制作发光玻璃管的材质，具体参数设置如图3-479~图3-482所示。

图3-479

图3-480

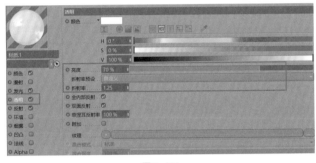

图3-481 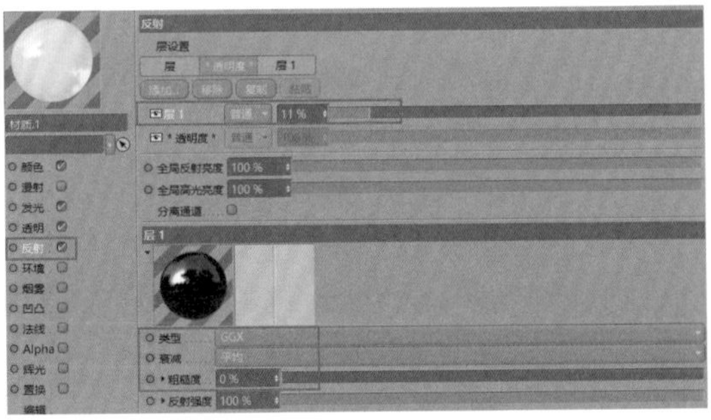　　　　　　　　　　　　　　图3-482

06 制作蓝色发光灯管的材质，如图3-483~图3-486所示。

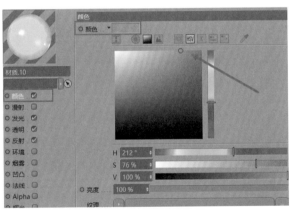
图3-483

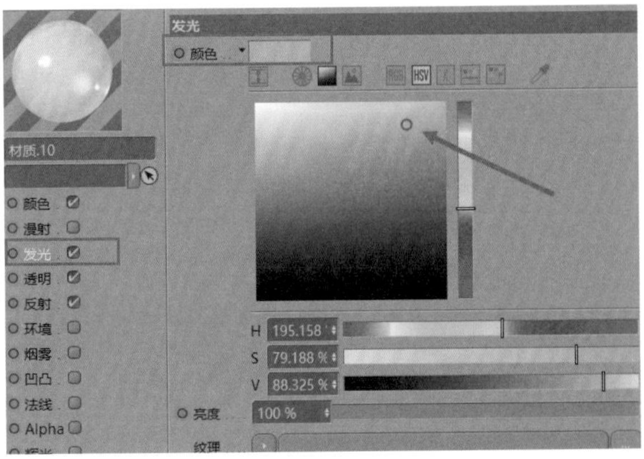

图3-484

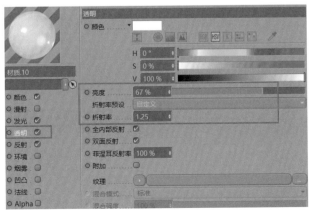
图3-485

图3-486

07 制作紫色发光灯管的材质，如图3-487~图3-490所示。

图3-487

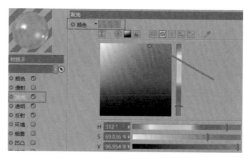

图3-488

图3-489

图3-490

08 制作透明玻璃管的材质，具体参数设置如图3-491~图3-493所示。

09 制作管夹的材质，具体参数设置如图3-494所示。

图3-491

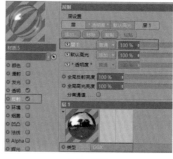

图3-492

图3-493

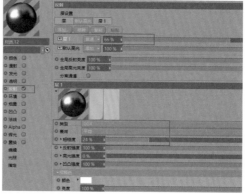

图3-494

10 制作灯管端头的材质，具体参数设置如图3-495和图3-496所示。

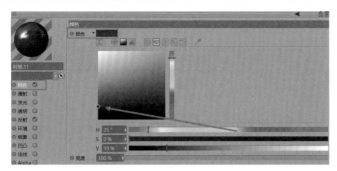
图3-495

图3-496

11 测试渲染的效果，如图3-497所示。

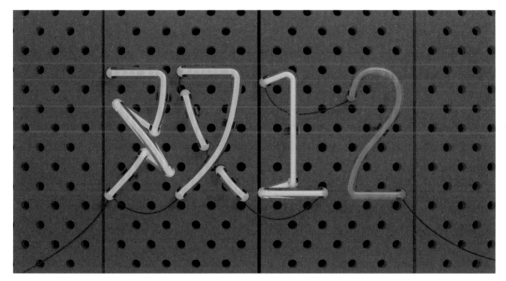
图3-497

3.9.3 多层渲染与合成

01 把灯管复制到一个新的工程中，同时选择4个"圆环"选项，然后把"半径"调节为1cm，如图3-498所示。

02 调节3个不同颜色的发光材质，并将其赋予物体，参数设置如图3-499~图501所示。效果如图3-502所示。

图3-498

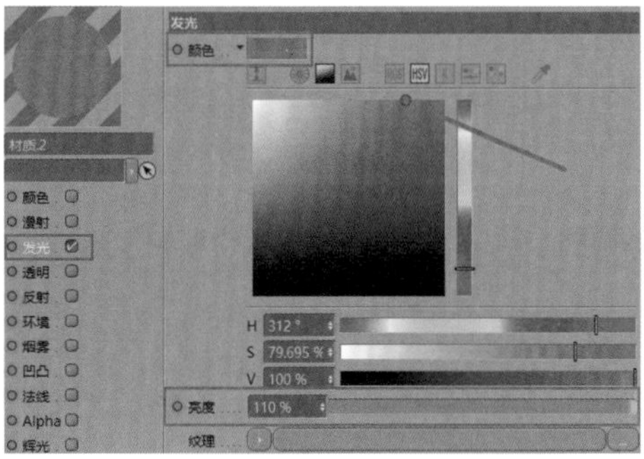

图3-499

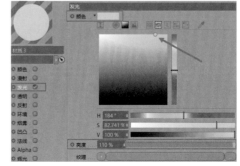
图3-500

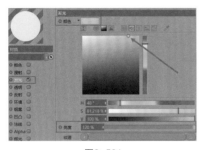

图3-501 图3-502

03 单独渲染发光灯管模型，效果如图3-503所示。

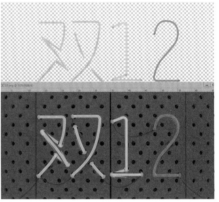

图3-503

04 在Photoshop中将多层渲染的文件以"线性减淡"方式叠加，如图3-504所示，得到类似发光的效果。读者可根据自己的画面效果复制多层，效果如图3-505所示。

05 使用同样的方法，渲染出更粗一点的灯管并对其进行模糊处理，如图3-506所示。

图3-504 图3-505 图3-506

06 叠加模糊的灯管，可以模拟出灯管照射在墙面的效果，如图3-507所示。本案例最终的完成效果如图3-508所示。

图3-507 图3-508

第4章

卡通模型制作

前面的章节中，笔者主要介绍了一些简单参数化组合模型的制作方法，而在本章中，将为读者介绍一些稍微复杂的商业卡通模型的制作方法。

4.1 卡通小狗模型

本节介绍如何灵活应用Cinema 4D中的基本几何形体、常用的变形器和生成器制作出一个简单、可爱、有趣的卡通小角色。

◇	场景位置	无
◇	实例位置	实例文件>CH04>4.1　卡通小狗模型
◇	视频名称	4.1　卡通小狗模型

本案例重点

» 卡通小狗的制作思路

» 卡通小狗的制作过程

» 几何体的灵活运用

» 锥化、样条约束和对称的灵活运用

» 材质调节技巧和通道渲染技巧

» Photoshop 后期调节与修饰合成技术

4.1.1 模型部分的制作

01 本案例的小狗模型从头部开始创建，然后创建其他的小细节。使用"立方体"工具新建一个立方体对象，如图 4-1所示。

02 将立方体命名为"头"，然后调节立方体的"尺寸.X"为380cm，"尺寸.Y"为295cm，"尺寸.Z"为 200cm，接着设置"圆角半径"为75cm，"圆角细分"为30，具体参数设置如图4-2所示，效果如图4-3所示。

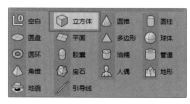

图4-1

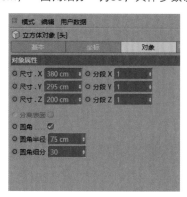

图4-2

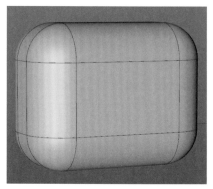

图4-3

03 头部建立完成后，就可以为卡通小狗创建一个身体了。用同样的方法新建一个立方体，然后设置"尺寸.X"为175cm，"尺寸.Y"为140cm，"尺寸.Z"为185cm，接着设置"圆角半径"为17cm，"圆角细分"为30，具体参数设置如图4-4所示。效果如图4-5所示。

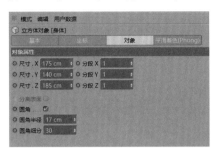

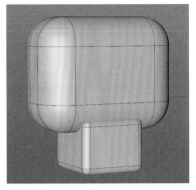

图4-4

图4-5

04 这时可以观察到小狗的身体太过方正，缺乏灵动可爱的感觉，因此需要给小狗的身体添加一个"锥化"变形器，让它看起来不那么死板。选中小狗的身体并按住Shift键，然后单击"锥化"按钮，给小狗的身体添加"锥化"变形器，如图4-6所示。

05 调节"锥化"变形器的参数，在将"锥化"变形器与小狗身体匹配的同时，要将"锥化"变形器的数值调节得比身体模型的参数大一些，这样在变形的时候不容易产生错误。将"锥化"变形器的"强度"和"弯曲"分别调节为20%和100%，具体参数设置如图4-7所示，效果如图4-8所示。

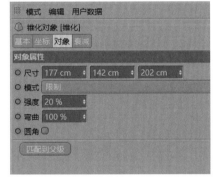

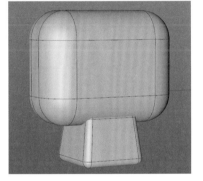

图4-6

图4-7

图4-8

06 小狗的头和身体建立完成后，模型基本已经确立，接下来给小狗添加可爱的五官（读者可根据自己的喜好建立小狗的表情，本案例中的表情仅供参考）。下面创建小狗的右眼，新建一个圆柱并命名为"眼睛"，然后调节圆柱的"半径"为20cm，"高度"为10cm，并将圆柱移动到头部的对应位置，如图4-9所示。

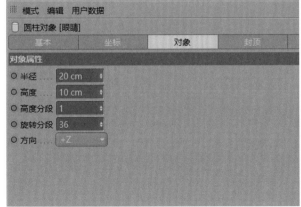

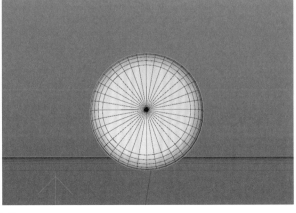

图4-9

07 将"眼睛"模型复制一份,将其数值调小作为眼珠,如图4-10所示。

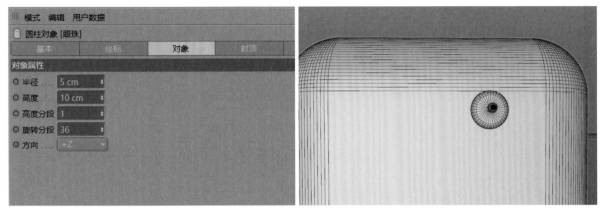

图4-10

08 接下来创建小狗的左眼。新建一个矩形,然后设置"宽度"为40cm,"高度"为7cm,勾选"圆角"选项,设置"半径"为3.5cm,具体参数设置如图4-11所示。

09 给矩形添加"挤压"生成器,并命名为"左眼",参数设置及效果如图4-12所示。

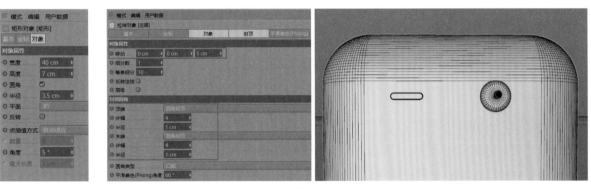

图4-11   图4-12

10 小狗的眼睛创建完成后,就可以给小狗添加可爱的鼻子和舌头了。鼻子部分可在Illustrator中进行绘制,然后导入Cinema 4D进行挤压,也可以直接切换到Cinema 4D的正视图进行绘制。本案例中笔者是在Cinema 4D中进行绘制,效果如图4-13所示。

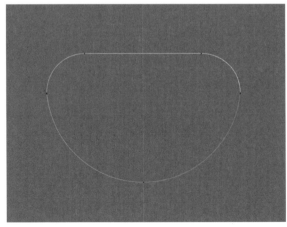

图4-13

11 将绘制的鼻子样条进行挤压，参数设置及效果如图4-14所示。

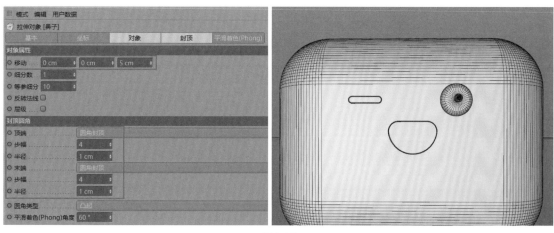

图4-14

12 鼻子创建完成后，绘制小狗的胡须。由于两根胡须是对称的，因此只需要绘制好一根胡须样条然后进行对称即可。胡须样条绘制效果如图4-15所示。

13 胡须的样条绘制完成后，新建一个"胶囊"，然后调节"胶囊"的"半径"为2cm，"高度"为183cm，"高度分段"为100，如图4-16所示。

14 选中"胶囊"，然后按住Shift键添加"样条约束"变形器，接着将之前绘制好的胡须样条拖曳到"样条约束"的"样条"通道中，如图4-17所示。

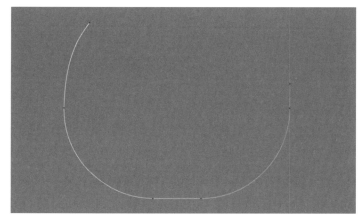

图4-15

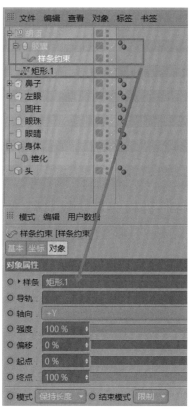

图4-16

图4-17

15 给"样条约束"后的胶囊添加一个"对称"生成器，胡须就制作完成了，如图4-18所示。

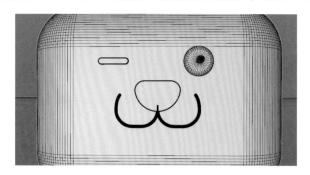

图4-18

16 下面制作小狗的舌头。新建一个圆柱，并调节圆柱的参数，如图4-19所示。至此，小狗的可爱表情已经制作完成，如图4-20所示。

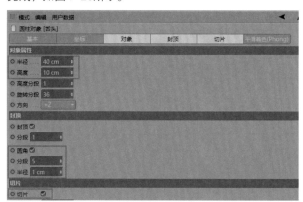

图4-19

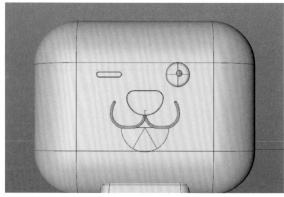

图4-20

17 下面制作小狗的耳朵。制作方法与小狗胡须的制作方法大概相同，首先要绘制耳朵的样条，正视图中的绘制效果如图4-21所示。

18 将绘制好的耳朵样条进行挤压，由于后面要将耳朵进行变形，因此需要勾选"标准网格"选项，参数设置如图4-22所示。小狗的耳朵挤压完成后得到图4-23所示的效果。

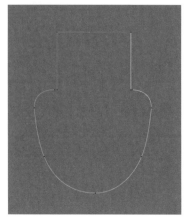

图4-21

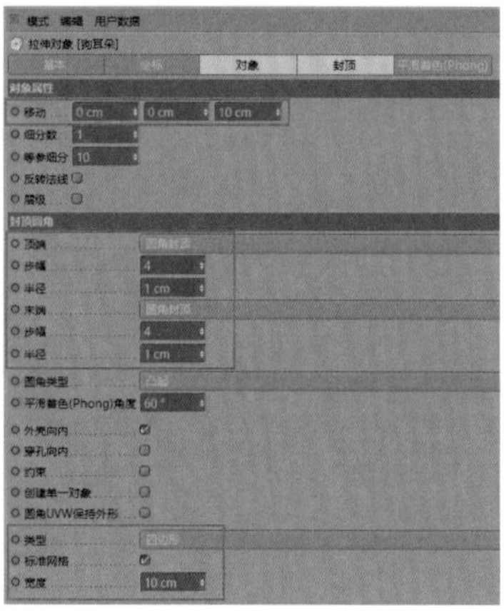

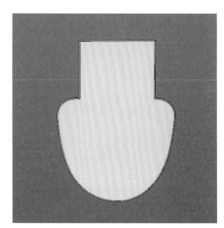

图4-22

图4-23

19 在小狗头旁绘制一根约束小狗耳朵的样条，在侧视图中的效果如图4-24所示。

20 参考小狗胡须的制作方法，给小狗的耳朵添加一个"样条约束"变形器，然后将步骤19中绘制好的样条拖曳到"样条约束"的"样条"通道中，接着调节相关数值，如图4-25所示。

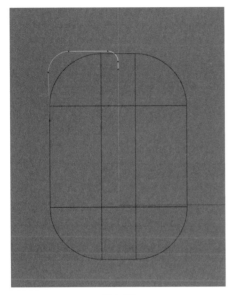

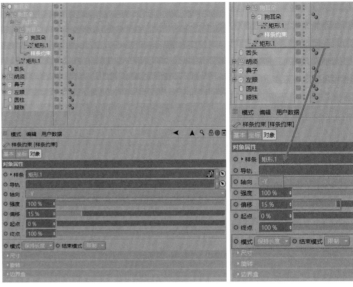

图4-24   图4-25

21 给小狗的耳朵添加一个"对称"生成器，效果如图4-26所示。

22 五官建立完成后，继续为小狗添加一项可爱的帽子。新建一个矩形，然后调节矩形的"宽度"为195cm，"高度"为50cm，"半径"为25cm，"点插值方式"为"自然"，"数量"为50，并勾选"圆角"选项，如图4-27所示。

23 给矩形添加"挤压"生成器，具体参数设置如图4-28所示。

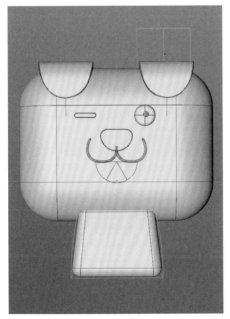

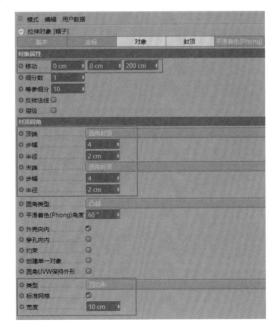

图4-26   图4-27   图4-28

24 挤压完成后新建一个圆环，然后将圆环中间的两个点稍微缩小一些，如图4-29所示。接着给刚才挤压好的帽子添加"样条约束"变形器，再把绘制好的圆环拖曳至"样条约束"的"样条"通道中，最后调节"样条约束"的相关参数，如图4-30所示。

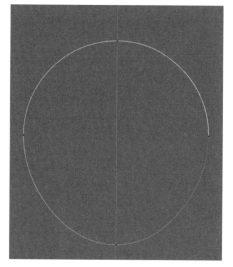
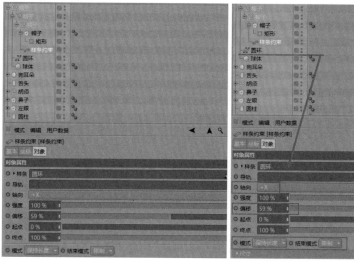

图4-29　　　　　　　　　　　　　　　　　图4-30

25 新建一个球体，然后将其放置在调整好的帽子上，即可得到一顶可爱的帽子，如图4-31所示。

26 制作小狗的手臂。新建一个圆柱，然后调节圆柱的"半径"为23cm，"高度"为70cm，如图4-32所示。

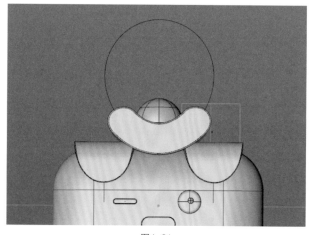
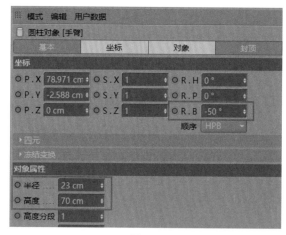

图4-31　　　　　　　　　　　　　　　　　图4-32

27 选中圆柱，然后按住Alt键立一个球体作为小狗的手，此时球体和圆柱的中心点是一致的。设置球体的"半径"为27cm，然后按快捷键Shift+G将球体和圆柱分开，接着移动球体至圆柱的另一端，并将"球体"选项拖曳到"圆柱"选项的下方作为其子层级，如图4-33和图4-34所示。

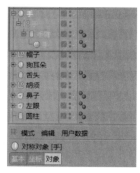

提示　也可按快捷键Alt+G将圆柱与球体打组，这样方便移动、旋转小狗的手和手臂。

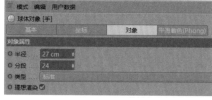

图4-33　　　　　　　　　　　　　　　　　图4-34

28 把小狗的手臂旋转到合适的角度，然后给手臂添加一个"对称"生成器，即可完成小狗两只手的制作，如图 4-35所示。

29 腿的制作方法与手大概相同。新建一个"胶囊"对象，然后调节其参数，如图4-36所示。接着添加"对称"生成器，即可完成腿的制作，效果如图4-37所示。

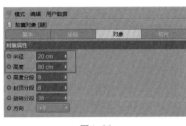

图4-35   图4-36   图4-37

30 下面制作小狗的衬衫和领带（衣服的款式可以根据自己的喜好来制作，这里笔者画的衬衫、领带仅供参考）。衬衫和领带的制作方法与鼻子的制作方法大同小异，先画好衣领和领带的样条，然后进行挤压，接着调整挤压的参数至合适的数值，需要注意错位。正视图中的衣领与领带的线条，如图4-38和图4-39所示。

31 至此，小狗的模型部分就全部创建完成，将所有的模型元素进行组合，最终效果如图4-40所示。

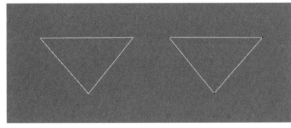

图4-38

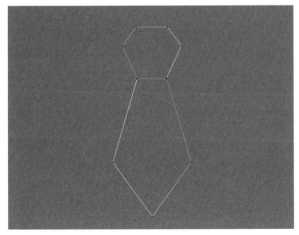

图4-39

图4-40

4.1.2 灯光与材质设置

01 为场景制作背景与灯光。场景布光如图4-41所示，渲染测试效果如图4-42所示。

图4-41

图4-42

02 材质以颜色为主，材质球效果如图4-43所示。详细调节过程可参考配套的演示视频。

图4-43

03 头部的黄色材质参数设置如图4-44所示。

图4-44

04 耳朵的褐色材质参数设置如图4-45所示。

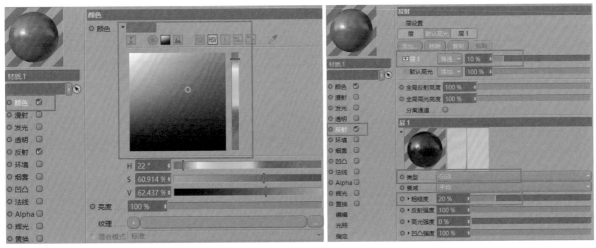

图4-45

05 身体的渐变材质参数设置如图4-46和图4-47所示。

图4-46

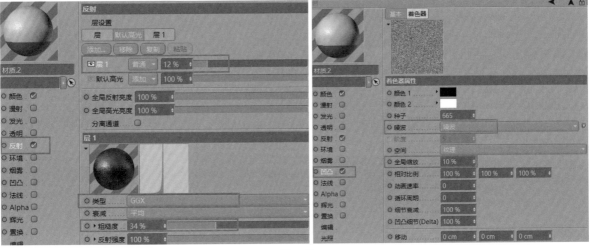

图4-47

06 将材质赋予模型，然后进行渲染，效果如图4-48所示。

图4-48

4.1.3 使用Photoshop进行调整与修饰

01 在Photoshop中，新建一个图层，然后使用硬边圆画笔在小狗的脸上绘制斑点，接着将该图层模式设置为"柔光"，再将"不透明度"调节至合适的大小，最后为其创建剪切蒙版，如图4-49所示。小狗脸上绘制完成的斑点效果如图4-50所示。

02 至此，卡通小狗模型全部制作完成，剩下的修饰部分读者可自由发挥。本案例中，笔者用直线对整个画面进行了修饰，最后添加了日期，如图4-51所示，最终效果如图4-52所示。

图4-49

图4-50

图4-51

图4-52

4.2 卡通小船模型

如果使用前文中学习的建模方法来制作此案例中的小船模型，会比较困难，因此本节通过学习多边形建模，来完成本案例的制作。多边形建模首先需要将对象转化为可编辑的多边形对象，然后通过对多边形对象的各种子对象进行编辑和修改来实现建模。

◇ 场景位置	无
◇ 实例位置	实例文件>CH04>4.2 卡通小船模型
◇ 视频名称	4.2 卡通小船模型

本案例重点

» 多边形建模思路　　　» 点、边和多边形层级的编辑技巧　　　» 使用置换制作海面　　　» 物理天空与物理渲染

4.2.1 模型制作部分

`01` 在视图中建立一个立方体，如图4-53所示。

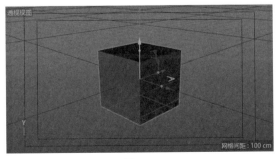

图4-53

02 调整立方体的尺寸和分段数，如图4-54所示。

03 选中立方体，然后单击"转为可编辑对象"按钮📦（快捷键为C）将其转换，如图4-55所示。

图4-54　　　　　　　　　　　　　　　　　　　图4-55

04 切换到"点"模式📦，然后选择立方体最右侧的点，如图4-56所示。

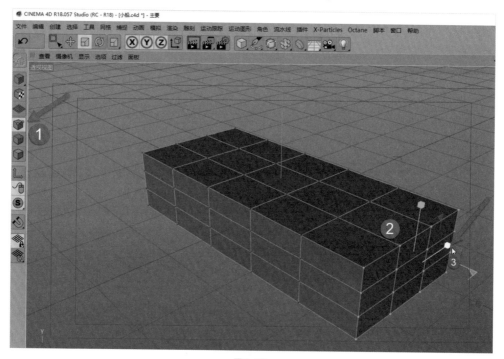

图4-56

> 💡**提示** 点：线段的端点，它是构成多边形的最基本元素。
>
> 线：一条连接两个多边形顶点的直线段。
>
> 多边形：由两条以上的线段所围成的一个面。
>
> 法线：表示面的方向，法线朝外的是正面，反之是背面。

05 切换到"缩放"工具，然后选中z轴进行缩放，如图4-57所示。

06 切换到顶视图，选择图4-58所示中的点。

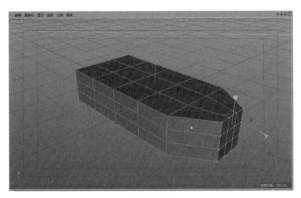
图4-57

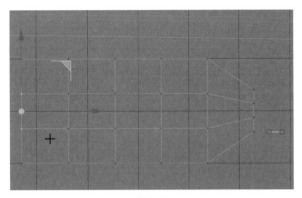
图4-58

提示 选择的时候要取消勾选"选择"工具的"仅选择可见元素"选项,这样在选择时才不会漏选看不到的点,如图4-59所示。

图4-59

07 用"移动"工具向左移动选中的点,如图4-60所示。

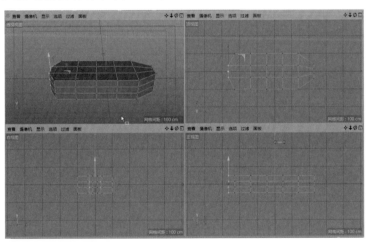
图4-60

08 切换到正视图,选择点并调整外形,如图4-61所示。

09 切换到顶视图,选择点并调整外形,如图4-62所示。

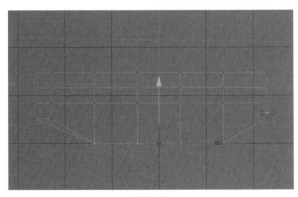
图4-61

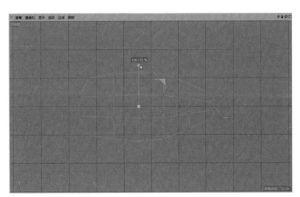
图4-62

10 选择"移动"工具（快捷键为E），然后切换到"多边形"层级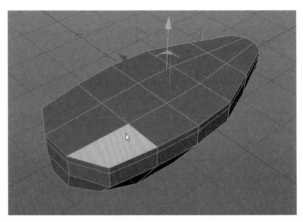，接着选中图4-63所示中的多边形。

图4-63

11 单击鼠标右键，然后在菜单中选择"内部挤压"工具，接着将左键向右拖动完成内部挤压，如图4-64所示。

12 按住Ctrl键沿着y轴往下挤压出船舱厚度，如图4-65所示。

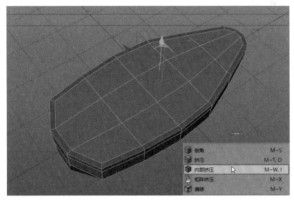

图4-64

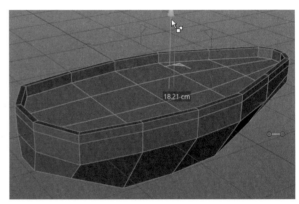

图4-65

13 切换到"边"模式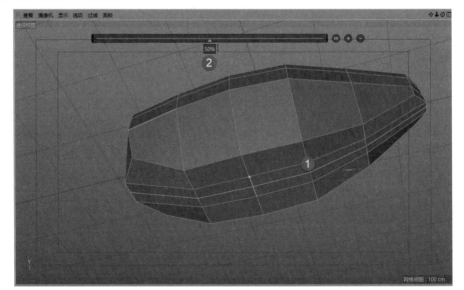，然后选择"循环/路径切割"工具（快捷键为K~L），如图4-66所示。给船体添加一条中分线，并调整切割位置为50%，如图4-67所示。

图4-66

图4-67

14 切换到"点"模式，然后选中红框内的点并删除，如图4-68所示。

15 单击生成器按钮，创建一个"对称"生成器，然后将船舱模型拖到"对称"生成器的子级，如图4-69所示。

16 设置对称的"镜像平面"为XY，如图4-70所示。此设置仅作参考，实际制作中需多尝试，其他参数保持默认。

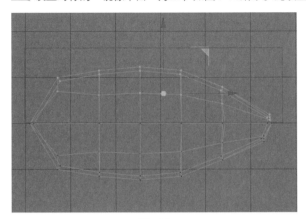

图4-69

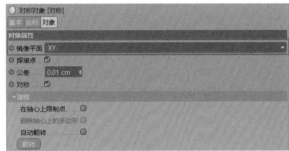

图4-68

图4-70

17 执行操作后，即可得到一份对称的模型，通过调整点的位置完善模型的外形，如图4-71和图4-72所示。

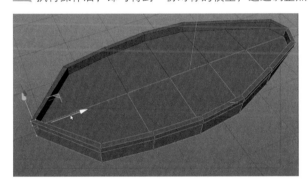

图4-71

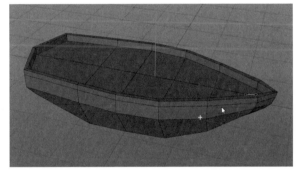

图4-72

18 选择"多边形"模式，然后选中图4-73所示的多边形，接着单击鼠标右键选择"挤压"工具，如图4-74所示。

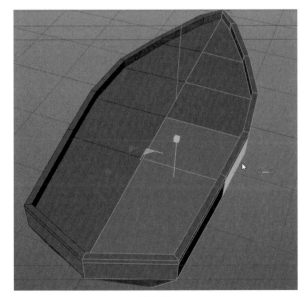

图4-73

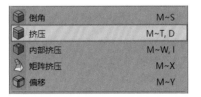

图4-74

19 移动鼠标挤压出形状，如图4-75所示。然后选中图4-76所示的两个多边形，并按Delete键删除。

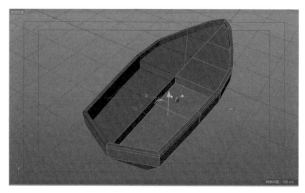

图4-75

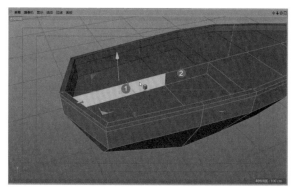

图4-76

20 创建两个立方体制作出船舱，然后按C键把立方体转换成可编辑对象，如图4-77所示。

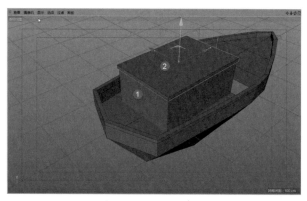

图4-77

> **提示** 立方体的尺寸根据船体的尺寸进行确定，这里不做规定。

21 切换到"多边形"模式，然后选中图4-78所示中的面，接着将其缩放到图4-79所示的效果。

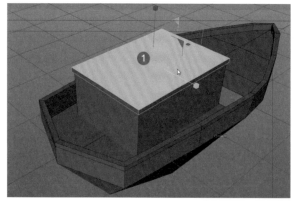

图4-78

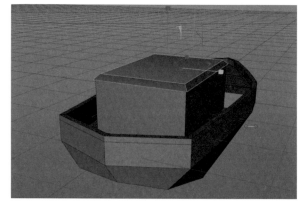

图4-79

22 给步骤21中修改的立方体加入"倒角"修改器，让尖锐的轮廓有一定的倒角，注意"倒角"和"立方体.2"的父子级关系，如图4-80所示。

图4-80

23 倒角的参数设置及效果如图4-81和图4-82所示。

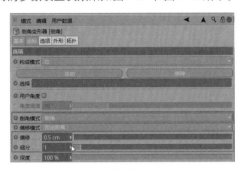

图4-81

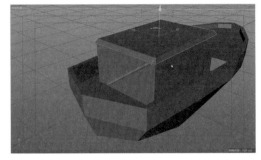

图4-82

24 给船舱添加窗户模型。创建一个圆环和一个球体，然后调整"圆环分段"为12，"导管分段"为5，接着调整球体的"分段"为12，其参数设置及位置如图4-83~图4-85所示。

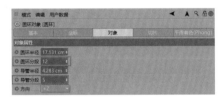

图4-83

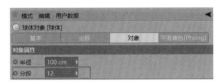

图4-84

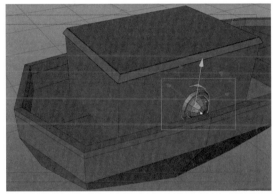

图4-85

> **提示** 这里的参数设置只作为参考，读者可根据实际情况进行调整。

25 复制一个船舱模型，然后调整其位置及大小，如图4-86所示。

26 建立一个"圆柱"模型作为船帆支撑杆，参数设置及位置如图4-87和图4-88所示。

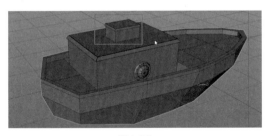

图4-86

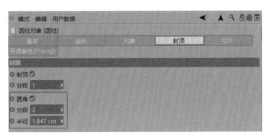

图4-87

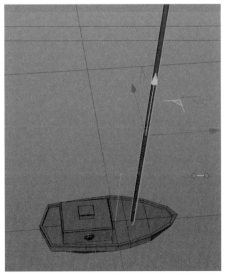

图4-88

27 创建一个新的圆柱，具体参数设置如图4-89所示。

28 给圆柱加入FFD变形器（注意FFD为圆柱的子层级），然后单击"匹配到父级"按钮，使FFD修改的大小和圆柱尺寸相匹配，如图4-90所示。

29 切换到"点"模式，然后选中图4-91所示的点进行缩放。使用同样的方法把圆柱②调整成下粗上细。

图4-89

图4-90

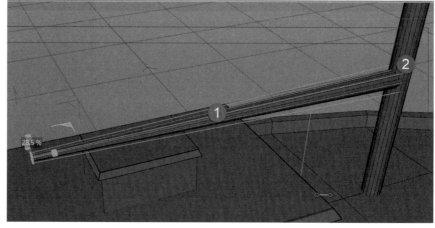

图4-91

30 使用"平面"工具制作船帆。设置平面的"宽度分段"为1，"高度分段"为6，然后把平面转换成可编辑对象，接着调整船帆的形状，参数设置及效果如图4-92和图4-93所示。

31 使用同样的方法制作出右边的船帆。至此，小船模型制作完毕，效果如图4-94所示。

图4-92

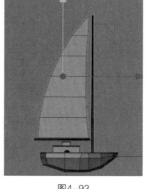

图4-93

图4-94

32 下面制作海面。创建一个平面，然后设置平面的"宽度"为9100cm，"高度"为9100cm，"宽度分段"为80，"高度分段"为80，如图4-95所示。

33 在"平面"的子层级中加入"置换"修改器，然后设置"高度"为80cm，如图4-96所示。

34 在"置换"的"着色器"通道中加入"噪波"贴图，如图4-97所示。

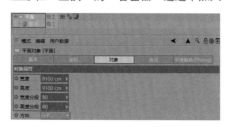

图4-95

图4-96

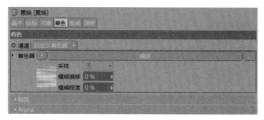

图4-97

35 调节噪波贴图的"相对比例"为1420%、100%和390%，如图4-98所示。此时操作的原理为利用图片的黑白信息来控制模型的起伏变化，从而得到海面效果，如图4-99所示。

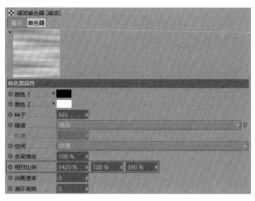

图4-98

图4-99

36 为海面加入"减面"生成器，然后调节"减面强度"为79%，如图4-100所示，效果如图4-101所示。

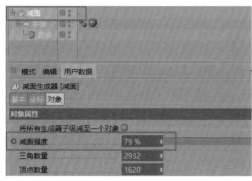

图4-100

图4-101

4.2.2 灯光渲染部分

01 在场景中加入物理天空，可以直接通过调节时间来改变太阳的位置与光照。这里笔者使用1点左右的阳光，然后配合"纬度"与"经度"来控制太阳的位置，把太阳调节到一个相对比较偏正上方的位置，参数设置如图4-102所示，得到图4-103所示的光照效果。

图4-102

图4-103

> **提示** 早晨7点左右太阳升起，位置比较低，阴影比较长，阳光偏向橘黄色；中午1点左右太阳在最高位置，阴影比较短，阳光偏向白黄色。

02 海面的材质
参数设置如图
4-104所示。

03 其余物体的
材质参数设置
如图4-105和图
4-106所示。

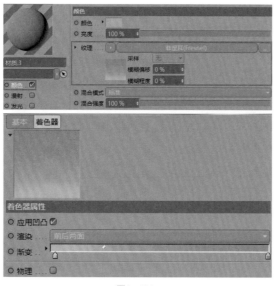

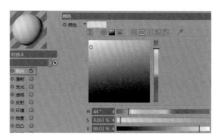

图4-105

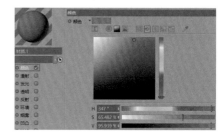

图4-104

图4-106

04 创建一个摄像机，然后设置好目标的焦点，如图4-107所示。

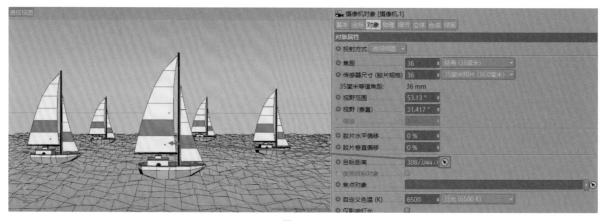

图4-107

05 将渲染器切换为"物理"渲染器，然后设置相关属性，如图4-108和图4-109所示。

06 渲染后得到图4-110所示的效果。

图4-108

图4-109

图4-110

第 **5** 章

特效模型制作

本章学习创意图形的建模方法，这是很有趣的内容，只需要通过一些简单灵活的操作，就可以快速制作出各种丰富的形态。本章精心设计的 3 个案例，分别针对毛发效果、运动图形建模和雕刻建模在实际工作中的应用。

5.1 样条毛发效果

本案例是一个毛发效果，使用毛发渲染的技术来完成，类似地毯、绒毛、角色头发、动物皮毛甚至草地都可以使用毛发渲染来完成。

◇	场景位置	无
◇	实例位置	实例文件>CH05>5.1　样条毛发效果
◇	视频名称	5.1　样条毛发效果

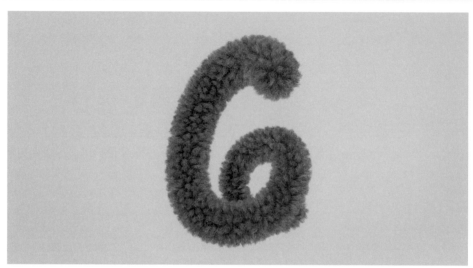

本案例重点

» 生成毛发对象　　　» 调节毛发材质　　　» 灯阵渲染技术

5.1.1 模型制作

01 创建一个"胶囊"对象，然后调节相关的参数，如图5-1所示。特别注意加大"高度分段"的数值，为接下来的形变做准备。

02 绘制一条样条，注意样条的空间关系，如图5-2所示。

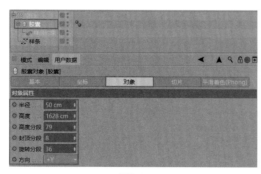

图5-1

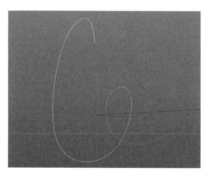

图5-2

03 给模型添加"样条约束"变形器，然后调节尺寸，如图5-3所示，得到图5-4所示的模型效果。

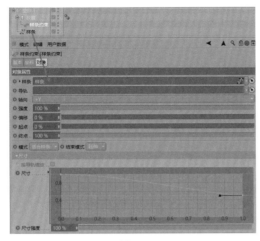 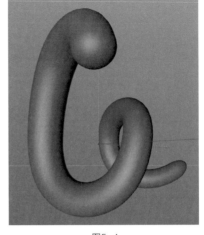

图5-3　　　　　　　　　　　　　　　图5-4

5.1.2 生长毛发

01 选中模型，然后执行"模拟-毛发对象-添加毛发"菜单命令，如图5-5所示，这样物体就生长出了毛发。

02 选择毛发标签，然后在"引导线"选项卡中设置"数量"为8930（此处的数量为引导线的数量，引导线的形态会控制毛发的形态），接着设置"长度"为30cm，确定毛发的长度；"发根"就是毛发的生成位置，默认是生长在模型的点上的，此处希望它能随机分布，因此选择"多边形区域"选项，如图5-6所示。

图5-5　　　　　　　　　　　　　　　图5-6

03 切换到"毛发"选项卡，然后设置毛发的"数量"为155000，"分段"为12，如图5-7所示，此时的模型效果如图5-8所示。

> **提示** 分段和样条中的点插值作用类似，点越多细节就越多，但过多的话对计算机的运算要求也会提高，可能不利于我们操作，所以设置一个适合的数量即可。

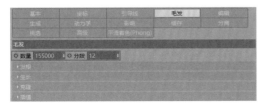 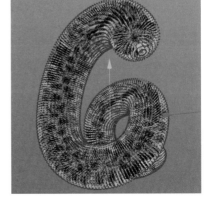

图5-7　　　　　　　　　　　　　　　图5-8

04 画面中显示的是引导线与毛发，为了更好地观察毛发效果，切换到"编辑"选项卡，然后设置"显示"为"毛发线条"，如图5-9所示。此时，视图中就只显示毛发，如图5-10所示。这样做的好处是，稍后调节毛发的相关参数时能直接看到显示结果，更方便我们做出理想的效果。

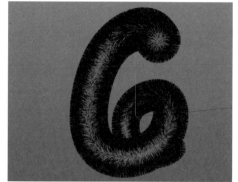

图5-9

图5-10

5.1.3 调节毛发材质

01 当我们为对象添加毛发时，场景会自动创建出一个毛发材质，如图5-11所示。

02 打开毛发材质，然后选择"纠结"选项，可以看到视图中的毛发有了变化。读者可以尝试调节参数，观察毛发纠结的不同效果，如图5-12所示。

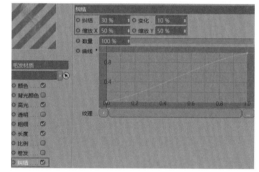

图5-11   图5-12

03 选择"集束"选项，然后设置"数量"为15%，"集束"为29%，"变化"为15%，"半径"为36cm，"变化"为10cm，如图5-13所示，效果如图5-14所示。

04 选择"长度"选项，然后设置"长度"为100%，"变化"为42%，如图5-15所示。这样毛发就会有长有短，效果更加自然。

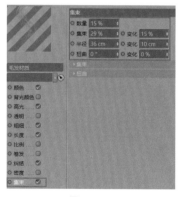

图5-13

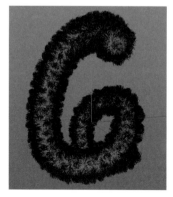

图5-14

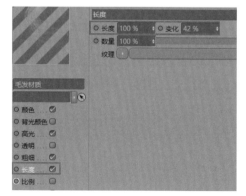

图5-15

> **提示** 集束类似让毛发分成小组或是形成团状，在调节参数时需要注意观察画面中毛发的形态，这样能生动展示我们所调节的效果。

05 在"粗细"选项中,可以分别控制发根与发梢的粗细,如图5-16所示。

06 在"颜色"选项中,调节毛发的颜色,如图5-17所示。

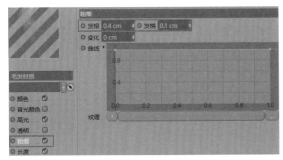 

图5-16   图5-17

5.1.4 灯光阵列渲染

这里我们学习一种新的布光方式——"灯光阵列"。渲染毛发时,使用灯光阵列速度会更快一些。

灯光阵列是将光以一种阵列形式排列,用来模拟全局光照的效果。早期的三维软件中使用全局光照的渲染速度是很慢的,而使用灯光阵列来模拟全局光照的渲染速度会快很多,虽然是一个老办法,但在解决模型比较复杂的场景时,依然是一种非常实用的技术。

01 创建一个球体,"半径"调节要比整个场景还要大很多,可以把它想象成天空球。这里设置球体的"半径"为1610cm,"分段数"为6,因为要在它的每一个点上都放置灯光,所以设置"类型"为"六面体",如图5-18所示。

 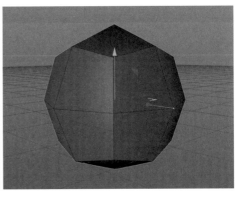

图5-18

02 打开87 HDR,然后选择"常用工具"中的"09点光"工具,如图5-19所示。

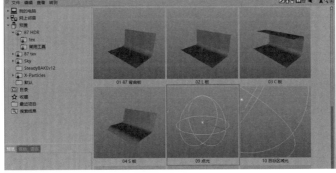

图5-19

03 把步骤02中创建的灯光进行"克隆"，然后设置"模式"为"对象"，"对象"为"球体"，"分布"为"顶点"，如图5-20所示，效果如图5-21所示。这样做相当于在球体的每一个顶点上都放置了一个灯光，整个场景的各个方向都有光照，但亮度都不是很强，用来模拟的只有全局光照的效果。

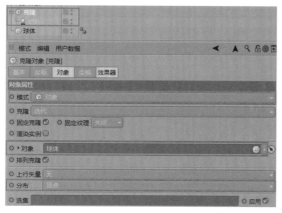

图5-20

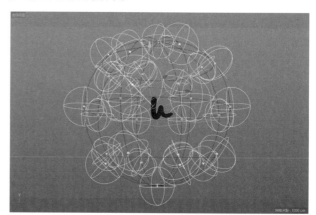

图5-21

04 把球体的显示与渲染都关闭，把两个小点都点成红色，如图5-22所示。红点的作用只是控制灯光的位置，并不参与场景的渲染。

05 渲染灯光阵列的效果，整体的光影是比较平均的，没有明确的光源方向，如图5-23所示。接下来就在这个的基础上继续添加一个光源，就有了类似太阳的效果。

图5-22

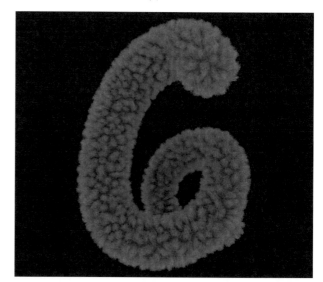

图5-23

06 打开"渲染设置"面板，然后设置"渲染器"为"标准"。执行操作后，发现增加了"毛发渲染"选项，这里是不能取消的，有了它才能渲染出毛发，如图5-24所示。因为在前边的步骤中已使用了灯光阵列，所以就不需要再增加"全局光照"效果了。

07 新建一个"10目标区域光"，如图5-25所示。

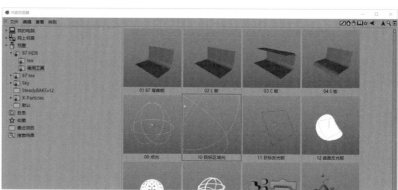

图5-24

图5-25

08 现在场景中灯光很多不方便观察，可以先把步骤07中创建的灯光隐藏了，如图5-26所示，但它依然会被一起渲染。区域光与摄像机角度如图5-27所示，所有灯光都显示的效果如图5-28所示。

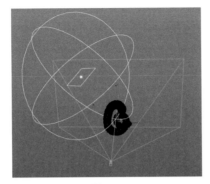

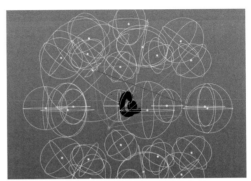

图5-26   图5-27   图5-28

09 有了灯光以后，就可以进行成品渲染了，最终渲染效果如图5-29所示。在Photoshop中添加背景并调节曲线，效果如图5-30所示。

图5-29

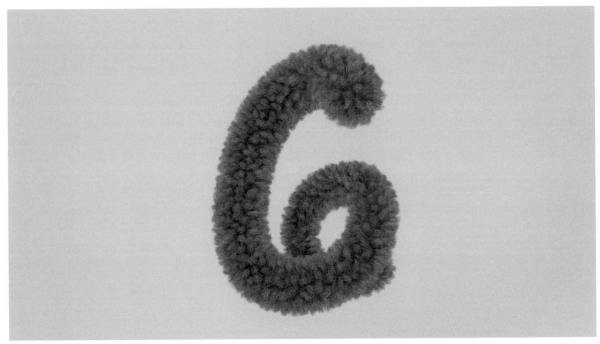

图5-30

5.2 使用运动图形制作彩条元素

本案例效果是一个五彩流动的样条，这里使用运动图形来完成。绘制一个有形态的样条，然后克隆很多份，接着对克隆出来的样条进行有规律的整体旋转或缩放，制作出想要的形态，再利用毛发渲染快速得到理想的效果。

◇ 场景位置	无
◇ 实例位置	实例文件>CH05>5.2　使用运动图形制作彩条元素
◇ 视频名称	5.2　使用运动图形制作彩条元素

本案例重点

» 克隆的应用　　　» 步幅效果器的应用　　　» 样条约束的细节控制　　　» 毛发材质的调节

5.2.1　模型的制作

01 绘制一个图5-31所示的路径，注意线的角度要圆滑一些。

02 在菜单中执行"运动图形–克隆"命令，如图5-32所示，为场景增加一个克隆效果。

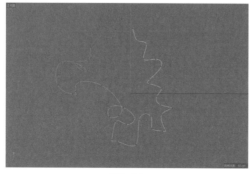

图5-31　　　　　　　　　　　　图5-32

168

03 把绘制出来的线作为"克隆"的子层级，设置"模式"为"线性"，"数量"为900，"位置.Z"为1.5cm，如图5-33所示。此时的线被克隆了900份，然后在Z方向上依然有1.5cm的距离，效果如图5-34所示。这样做可以非常方便地制作出很多样条，并利用不同的效果器来进行整体控制。

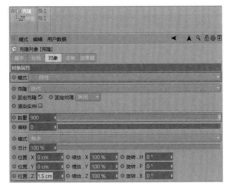

图5-33

图5-34

04 选择"克隆"选项，然后执行"运动图形-效果器-步幅"菜单命令，如图5-35所示。"步幅"可以让模型有一个变化规律，一个接一个地进行变化，默认它变大，所以刚加入"步幅"后，形态一个比一个大。

05 步幅的形态是由"效果器"里的"样条"来控制的，这里对"样条"进行了图5-36所示的调节。按住Ctrl键可以增加调节点，此时制作出来的样条会有大小变化。

06 在"参数"里设置"缩放"为-1，如图5-37所示。

图5-35

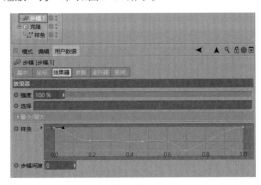

图5-36

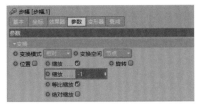

图5-37

07 图5-38所示的图形，就是通过调节样条后形成的模型样式。

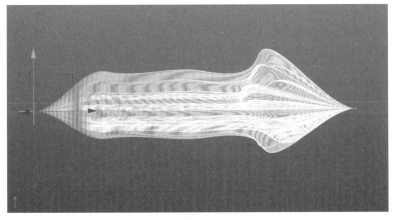

图5-38

> **提示** 如果在调节"步幅"时模型没有变化，检查克隆对象里的"效果器"是否有"步幅"，如果没有拖入即可，如图5-39所示。
>
>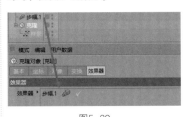
>
> 图5-39

08 用同样的方法再加入一个"步幅"效果器，通过这个效果器来制作它的旋转变化。调节"旋转"的参数就会形成从左到右依次旋转的效果，参数设置如图5-40所示，效果如图5-41所示。

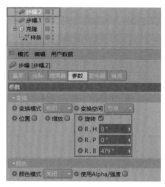

图5-40

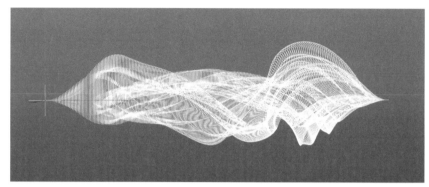

图5-41

09 再增加一个"步幅"效果器，然后调节其他方向上的旋转，参数设置如图5-42所示，效果如图5-43所示。

图5-42

图5-43

10 绘制一条曲线，如图5-44所示。

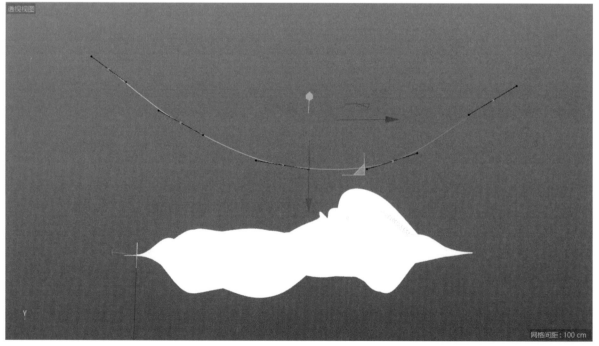

图5-44

11 把前面的克隆模型和所有"步幅"效果器打一个组，添加一个"样条约束"变形器，如图5-45所示。

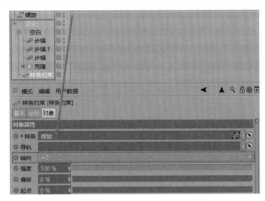

图5-45

12 这里还可以利用"样条约束"对"尺寸"和"旋转"曲线进行调节，让模型的形态更加生动有趣，设置如图5-46所示，效果如图5-47所示。

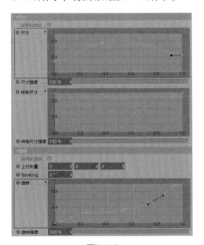

图5-46

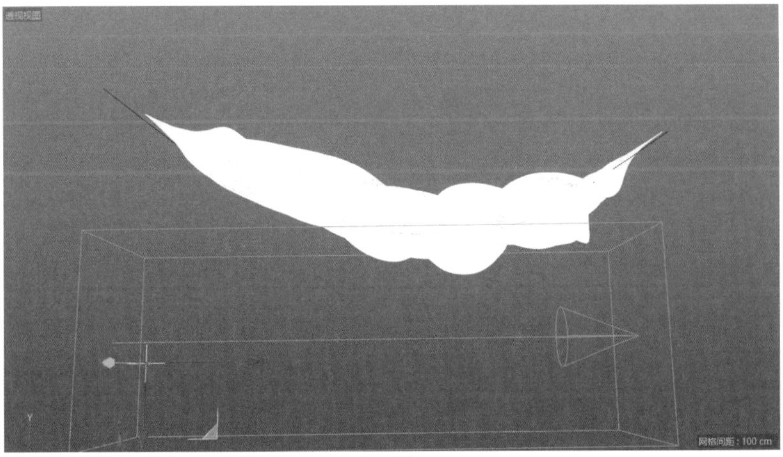

图5-47

到这里模型就制作完成了，可以体会到使用运动图形建模是很灵活丰富的，需要读者多思考练习。

5.2.2 毛发渲染

01 创建一个毛发材质，然后打开"颜色"通道，将"纹理"设置为"渐变"，接着单击渐变色块进行调节，如图5-48所示。

02 设置"渐变"的颜色，然后修改"类型"为"二维-V"，如图5-49所示。

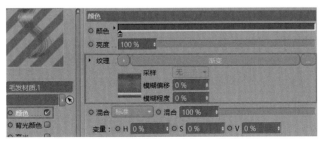

图5-48

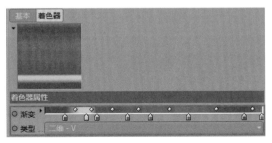

图5-49

03 打开"87 HDR",然后在"常用工具"中选择"09点光"工具,如图5-50所示。

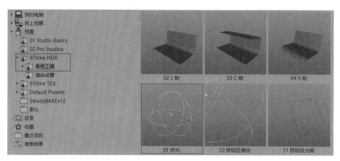

图5-50

04 调节灯光的大小和位置,确保整个模型都能被照亮。灯光与摄像机的位置如图5-51所示。

图5-51

💡 **提示** 本案例可以不开启"全局光照"效果,两个点光已经能满足照明需要。

05 按快捷键Ctrl + R进行渲染,效果如图5-52所示。

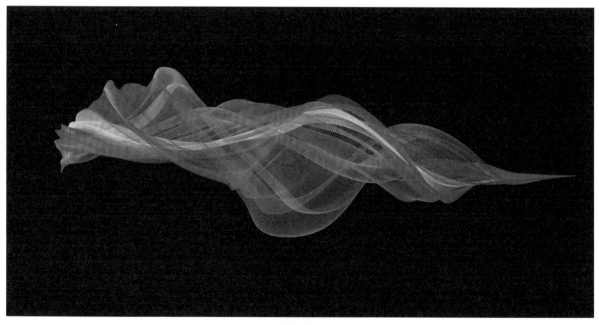

图5-52

5.3 雕刻流体模型

本案例制作流体类的模型。首先使用多边形创建出模型的大概形状，然后用雕刻来丰富模型的细节，不用纠结于点、线和面，更能轻松得到想要的模型形态。

◇ 场景位置　　无

◇ 实例位置　　实例文件>CH05>5.3　雕刻流体模型

◇ 视频名称　　5.3　雕刻流体模型

本案例重点

» 利用多边形创建大概形态
» 雕刻制作模型细节
» 几何体的灵活运用
» 锥化、样条约束和对称的灵活运用

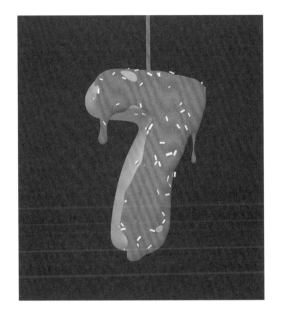

5.3.1 模型部分的制作

01 在"常用工具"中找到"87圆角字"选项，然后双击将其创建到场景中，如图5-53所示。

02 设置"文本"为7，"字体"为"思源黑体CN Heavy"，如图5-54所示。

03 在"对象"里，将"编辑器细分"与"渲染器细分"都设置为3，参数设置如图5-55所示，模型效果如图5-56所示。这个模型没有参与雕刻，是流体模型的载体。

图5-53

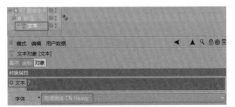

图5-54

图5-55

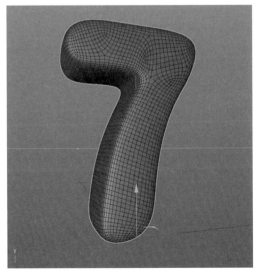

图5-56

04 下面制作流体模型。复制一组圆角字，然后把它的"挤压"厚度调节得小一些，参数设置如图5-57所示。

05 在"封顶"选项中增大挤压半径，半径越大文字的圆角越大，整体显得更圆润一些，参数设置如图5-58所示。

图5-57　　　　　　　　　　　图5-58

06 选中复制出来的模型，然后添加"细分曲面"，接着在"对象"中设置"编辑器细分"和"渲染器细分"都为1，参数设置如图5-59所示，模型效果如图5-60所示。

> 💡提示　虽然本案例中我们要学习的是使用雕刻制作模型，但目前所使用的方法都是参数化建模，稍后还将使用多边形建模对其进行形状调整，也就是说本案例中是各种建模方式相互配合，结合它们各自的优点一起工作。

图5-59

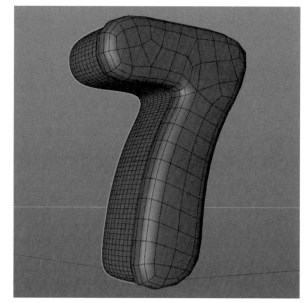

图5-60

07 将模型转换为可编辑对象，然后在想要做成水滴形态的位置选中此处的多边形，并按住Ctrl键向下挤压，接着对其进行缩放，如图5-61所示。

08 重复上面的操作，得到图5-62所示的模型，即先使用多边形建模做出一个水滴的大概形态。

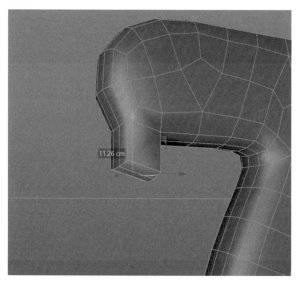 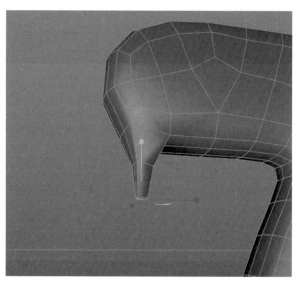

图5-61　　　　　　　　　　　　　　　　　　　图5-62

09 继续向下挤压，并调整点的位置，效果如图5-63所示。

10 使用同样的方法，做出多个水滴的大概形态，效果如图5-64所示。

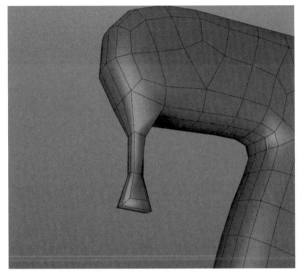

图5-63

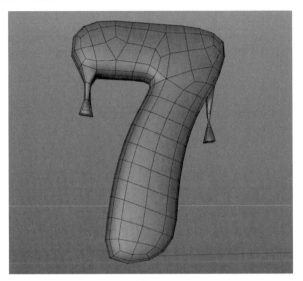

图5-64

11 加入"细分曲面"，此处将细分级别都设为2，如图5-65所示，效果如图5-66所示。多边形建模到此结束，后面我们开始对模型进行雕刻。

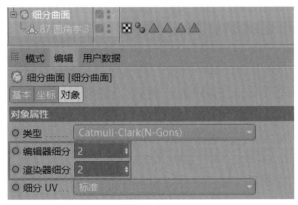

图5-65

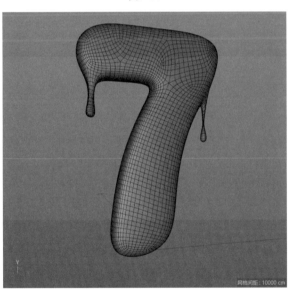

图5-66

5.3.2 雕刻的制作

01 在Cinema 4D界面的最右上角单击Standard菜单，然后选择Sculpt选项，如图5-67所示，进入雕刻的工作界面。

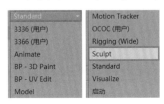

图5-67

02 单击"细分"按钮对模型进行细分，如图 5-68所示。每单击一次，细分级别增加一级。增大细分级别以后，可以在"级别"中进行切换。

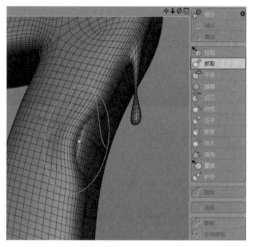

> **💡提示** "细分"一般在雕刻时使用，它可以为模型增加较多细节，但是细分之后，模型不能再进行雕刻以外的其他修改。

图5-68

03 选择"抓取"工具，如图5-69所示，这个工具就是抓住所选择的区域，整体移动它。

04 尝试在不同区域抓取，改变模型，如图5-70所示。

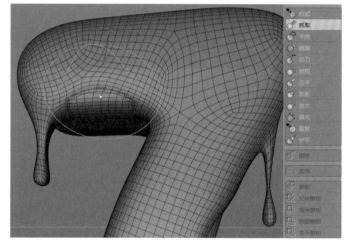

图5-69

图5-70

05 切换到"拉起"工具，此工具可以对模型进行选择范围内的凸起操作。通过调节不同的"尺寸"与"压力"参数，在模型上产生"拉起"的效果。这里作者设置了小一些的压力参数，让水滴有一些凸起，如图5-71所示。

> **💡提示** 使用"拉起"工具时，默认的是让模型表面进行凸起变化，按住Ctrl键时会让模型发生下凹的变化，按住Shift键时可以将模型进行平滑处理。无论是凸起、下凹还是平滑，都使用比较小的压力值，多次在模型上重复操作，这样更容易控制雕刻的形态。

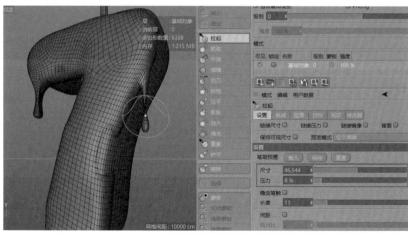

图5-71

06 如果想让整个模型鼓起来，使用"膨胀"工具就会把模型向四周放大，如图5-72所示。

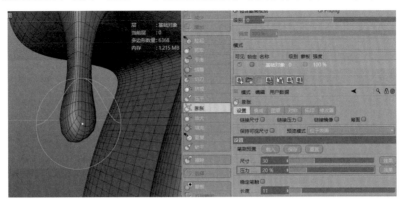

图5-72

07 "平滑"工具可以处理掉模型上不必要的凹凸细节。水滴处有凹下去的感觉，可以使用"平滑"进行处理，如图5-73所示。

08 调整的线太多，可以在"显示"中去掉线的显示，更方便查看模型形态，如图5-74所示。

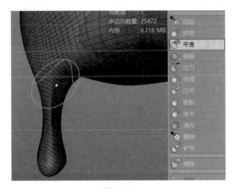
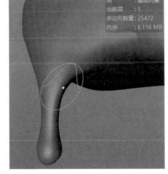

图5-73   图5-74

09 使用"膨胀"工具，使四周的模型表面也变得鼓起来，如图5-75所示。

10 灵活使用"抓取""拉起""平滑"和"膨胀"工具进行不同的调节，最后得到图5-76所示的模型。

11 使用运动图形为模型增加一些小细节。创建一个圆柱，然后对它进行克隆，圆柱需要调节得小一些，具体参数设置如图5-77所示。

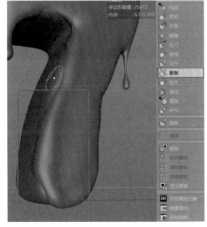
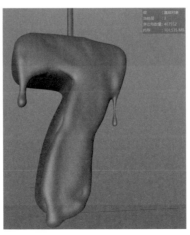

图5-75   图5-76   图5-77

12 把克隆里的"模式"设置为"对象"，然后把雕刻的"87圆角字.1"拖入对象窗口，接着设置"分布"为"表面"，"数量"为120，最后调节"种子"的数值改变克隆出来的物体的随机分布形态，如图5-78所示。

13 选择"克隆"选项，然后加载"随机"效果器，接着在参数选项中调节"缩放"与"旋转"的参数，让克隆出来的圆柱模型有大有小，还有不同方向的旋转，参数设置与效果如图5-79和图5-80所示。

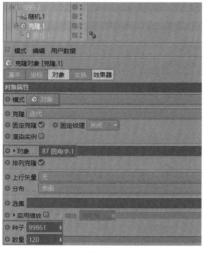
图5-78

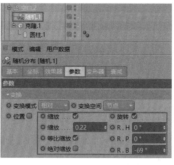
图5-79

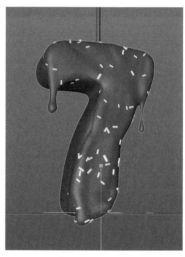
图5-80

制作到这里可以发现，雕刻建模与运动图形建模都是很有趣的建模方式，可以快速做出各类效果，但这些都是建立在之前的基础模型之上的。

5.3.3 灯光与渲染

01 为场景创建一盏灯光，位置如图5-81所示。

02 白模的渲染效果如图5-82所示。

03 为模型添加材质后，最终渲染效果如图5-83所示。

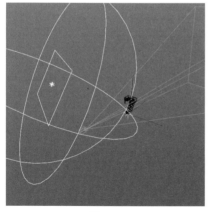
图5-81

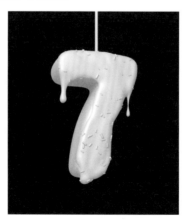
图5-82

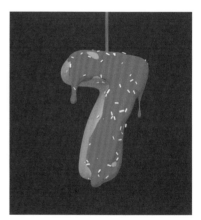
图5-83

Cinema 4D常见
材质调节

在前几章中，我们学习了常见的 Cinema 4D 作品的
制作思路与技巧，本章我们将深入学习各种常见材质的
调节方法，制作出真实出彩的材质效果。在之前的学习
中，大家应该体会到了 87time HDR 给我们带来的便利，
本章我们将更加深入地了解 87time HDR 的各种应用。

6.1 常见静物模型材质调节

本案例详细讲解Cinema 4D中常见的材质参数。相信通过本案例的学习，读者能更好地掌握Cinema 4D材质的使用方法。

◇ 场景位置　　场景文件>CH06>01

◇ 实例位置　　实例文件>CH06>6.1　常见静物模型材质调节

◇ 视频名称　　6.1　常见静物模型材质调节

本案例重点

» 掌握常见材质的参数　　　» 掌握材质的赋予方法

6.1.1 雕塑石膏材质

雕塑石膏材质的效果如图6-1所示。

图6-1

01 在"材质编辑器"中设置"颜色"为灰白色，然后在87time TEX中找到"03墙面石材"贴图，接着把贴图加入"漫射"的"纹理"通道，再设置"混合模式"为"标准"，"混合强度"为60%，如图6-2和图6-3所示。

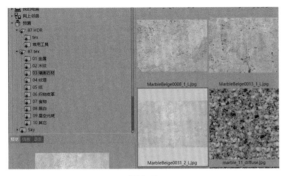

图6-2

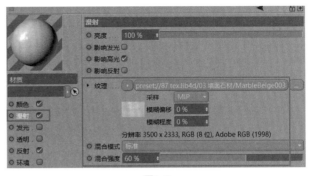

图6-3

> 💡 提示 "漫射"选项只会拾取图片的黑白信息，并叠加到颜色上，所以材质的最终颜色还是由"颜色"选项来控制的，"漫射"选项只是为材质增加了黑白纹理。

02 勾选"反射"选项，然后设置"类型"为GGX，"粗糙度"为15%，接着利用"层颜色"来控制反射的强度，具体参数设置如图6-4所示。

03 在87 tex中找到"03墙面石材"贴图，然后加入"凹凸"选项的"纹理"通道，如图6-5所示。

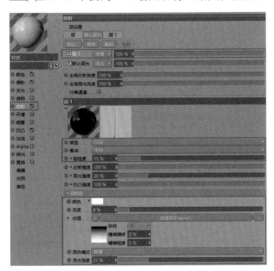

图6-4

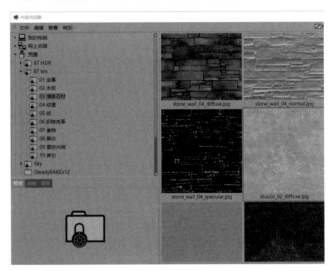

图6-5

04 在"凹凸"选项中设置"强度"为9%，然后增加一定的"视差补偿"让凹凸的效果更加明显，具体参数设置如图6-6所示。这样就完成了石膏材质的调节。

> 💡 提示 不同的模型和贴图，会有不一样的效果。用户在调节参数时，需要进行渲染测试观察效果后，再决定参数值。

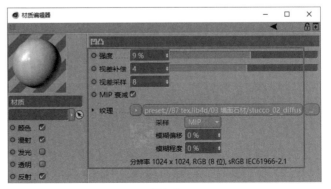

图6-6

6.1.2 石头材质

图6-7和图6-8所示的是两种石头材质的渲染效果，它们的共同点是表面有石头的纹理和凹凸感，不同点在于石膏的反射比较弱且模糊，而光滑的石头反射稍微会强一些，并且也清晰一些。

| 图6-7 | 图6-8 |

01 新建一个材质，然后在87 tex中找到"03墙面石材"贴图，接着把贴图加入"颜色"选项的"纹理"通道，如图6-9和图6-10所示。

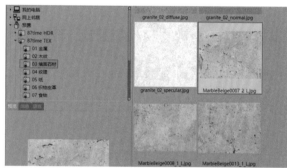
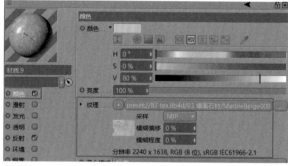

图6-9

图6-10

02 设置石材的反射，具体参数设置如图6-11所示。大自然中的石头多数反射是比较微弱的，但经过加工抛光后，石材可以适当增加其反射的强度。

03 将"颜色"选项的"纹理"通道中加载的贴图再加载到"凹凸"选项的"纹理"通道中，参数设置如图6-12所示。

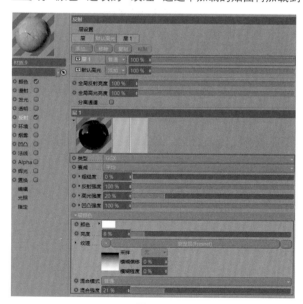
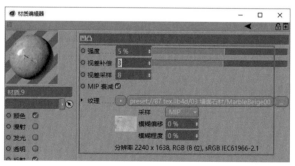

图6-11

图6-12

182

04 下面创建另一个石头材质。新建一个材质，然后在87 tex中找到"03墙面石材"贴图，接着将其加载到"颜色"选项的"纹理"通道中，如图6-13和图6-14所示。

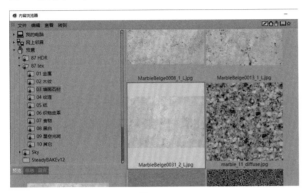

图6-13　　　　　　　　　　　　　　图6-14

05 设置"反射"和"凹凸"的参数，如图6-15和图6-16所示。

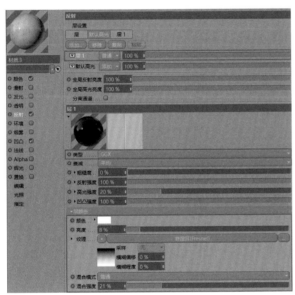

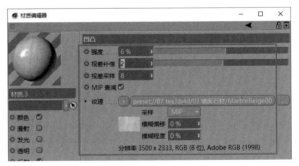

图6-15　　　　　　　　　　　　　　图6-16

6.1.3 木板材质

木板材质的效果如图6-17所示。木板材质与石头材质的调节方法相似，主要是纹理不同。

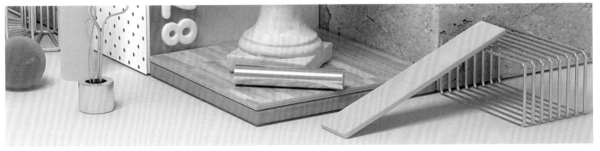

图6-17

01 新建一个材质，然后在87 tex中找到"02木纹"中的木纹贴图，接着把贴图载入"颜色"选项的"纹理"通道，如图6-18和图6-19所示。

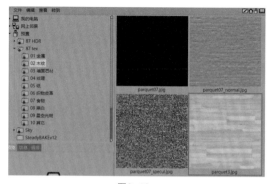

图6-18

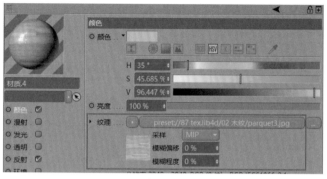

图6-19

02 设置"反射"的相关参数，如图6-20所示。

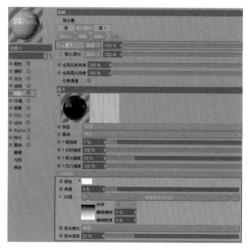

图6-20

03 在87 tex中找到"02木纹"中的法线贴图，然后将此贴图载入木纹材质"法线"选项的"纹理"通道，如图6-21和图6-22所示。

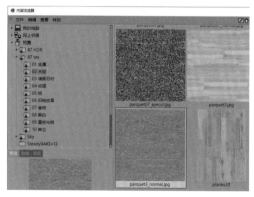

图6-21

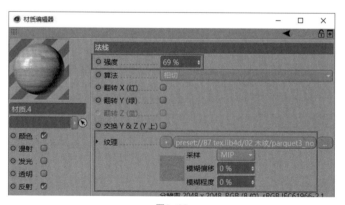

图6-22

💡 **提示** 蓝紫色的这类贴图是法线贴图，法线贴图的作用与凹凸选项类似，都是为了给模型增加更多的细节纹理。在我们所选的配套贴图中，如果是黑白贴图就贴凹凸通道，如果是蓝紫色贴图就贴法线通道。

6.1.4 银色金属材质

银色金属材质的效果如图6-23~图6-25所示。这类材质主要是依靠反射表现，所以环境对它而言比较重要。图6-23~图6-25所示的物体都是同一个材质，但由于它们周边的物体不同，因此反射出的颜色也是不同的。

在制作这一类材质时可以去掉"颜色"通道，只要"反射"通道。在"反射"通道中增加GGX类型的反射，然后提高反射强度，增加粗糙度，具体参数设置如图6-26所示。

图6-23

图6-24

图6-25

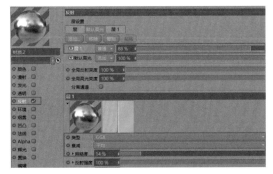

图6-26

6.1.5 黄色金属材质

黄色金属材质的效果如图6-27所示。

01 有色金属与银色金属最大的区别就是需要在"层颜色"中设置想要的颜色，具体参数设置如图6-28所示。

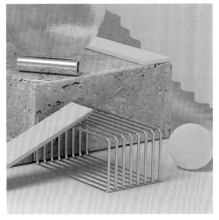

图6-27

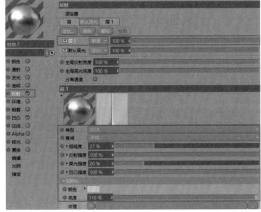

图6-28

02 在87 tex中找到"01金属"中的纹理贴图，然后载入"凹凸"选项的"纹理"通道，形成细微的划痕细节，如图6-29和图6-30所示。

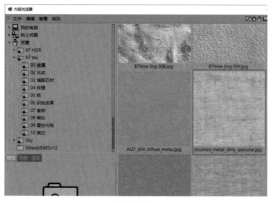

图6-29

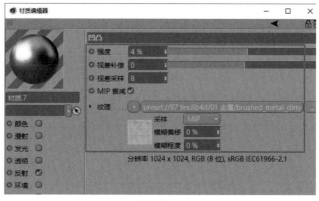

图6-30

6.1.6 玻璃球材质

玻璃球材质的效果如图6-31和图6-32所示。

图6-31

图6-32

01 调节玻璃球材质时，可以去掉"颜色"通道，只勾选"透明"通道，然后调节"折射率"为1.45，如图6-33所示。

> 💡 **提示** 常用物体折射率如下。
>
> 空气：1.0003　　　翡翠：1.570
> 冰：1.309　　　　红宝石：1.770
> 水（20度）：1.333　水晶：2.000
> 丙酮：1.360　　　钻石：2.417
> 玻璃：1.500　　　氧化铬：2.705
> 石英：1.553　　　氧化铜：2.705

图6-33

02 在87 tex中找到"03墙面石材"中的纹理贴图,然后载入材质"凹凸"选项的"纹理"通道中,形成细微的划痕细节,如图6-34和图6-35所示。

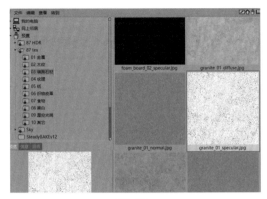

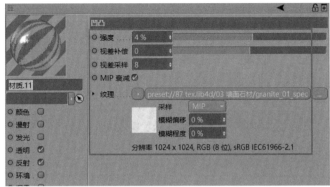

图6-34

图6-35

6.1.7 眼镜塑料材质

眼镜塑料材质的效果如图6-36所示。

图6-36

01 在"颜色"选项的"纹理"通道中加载"菲涅耳(Fresnel)"贴图,如图6-37所示,然后调节一个深色的渐变效果,如图6-38所示。

02 勾选"反射"通道,然后加入一个GGX类型的反射,设置层的强度为3%,如图6-39所示。

图6-37

图6-38

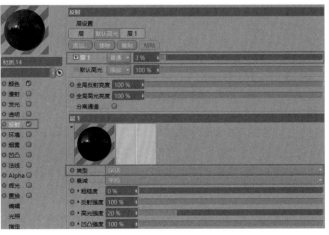

图6-39

6.1.8 圆点材质

圆点材质的效果如图6-40所示。

01 圆点材质与其他材质的调节方法类似，唯一的不同之处就是在"颜色"选项中使用了"平铺"贴图来完成，如图6-41所示。

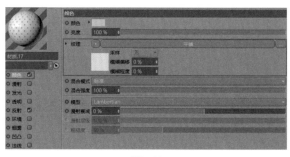

图6-40　　　　　　　　　　　　　　　　　　　　图6-41

02 进入"平铺"着色器，设置参数如图6-42所示，使其生成点状的纹理贴图。

03 调节平铺材质的贴图坐标，设置"投射"模式为"立方体"，"平铺U"和"平铺V"都为2，根据视图显示可进行适当的偏移，让接缝尽量消失，其余参数设置如图6-43所示。

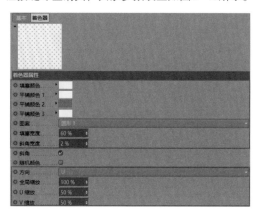

图6-42　　　　　　　　　　　　　　　　　　　　图6-43

6.1.9 布料材质

布料材质的效果如图6-44和图6-45所示。

布料材质需要在"颜色"通道中加载"菲涅耳（Fresnel）"贴图形成一个渐变效果，如图6-46所示。

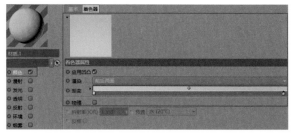

图6-44　　　　　　图6-45　　　　　　　　　　　　　　图6-46

6.1.10 塑料材质

塑料材质的效果如图6-47所示。

塑料材质的"颜色"通道参数与布料材质一致，然后勾选"反射"通道，接着设置"类型"为GGX，层强度为4%，如图6-48所示。

图6-47

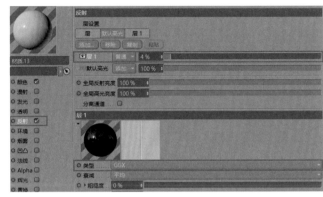

图6-48

6.1.11 渐变材质

渐变材质的效果如图6-49所示。

图6-49

01 渐变材质是在"颜色"选项的通道中加载一张"渐变"贴图，然后进行渐变效果的设置，如图6-50所示。

02 勾选"反射"选项，然后设置"层1"强度为7%，"类型"为GGX，如图6-51所示。

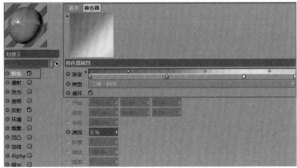

图6-50

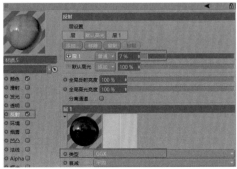

图6-51

03 赋予完所有材质后，渲染最终效果，如图6-52所示。

图6-52

💡提示 表现现实生活中常见物体的材质时，重点是贴图的选择和反射强弱的细节变化，这都需要读者进行大量的练习，对相关的参数多尝试、多调节、多观察、多思考，积累出自己的心得经验。

6.2 87time HDR环境详解

通过前面的学习，相信读者已经体会到87time HDR配合全局光的强大及便利，本节就为读者详细讲解各参数的功能。打开学习资源中提供的场景，然后添加87time HDR，这里笔者没有添加区域光，是为了更好地观察HDR对场景的影响。

◇ 场景位置	场景文件>CH06>02
◇ 实例位置	实例文件>CH06>6.2　87time HDR环境详解
◇ 视频名称	6.2　87time HDR环境详解

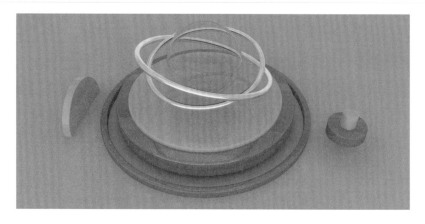

本案例重点

» 了解87time HDR的各项属性　　» 掌握加载87time HDR的方法

6.2.1 饱和度调节

01 打开学习资源中的"场景文件>CH06>02.c4d"场景，如图6-53所示。

02 为场景添加 87 HDR 环境，然后进入"HDR选项"面板，接着设置"饱和度"为0%，如图6-54所示。

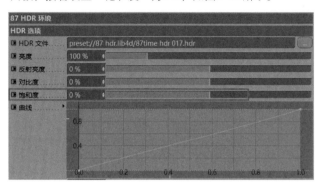

图6-53　　　　　　　　　　　　　　　　　　图6-54

03 对场景进行渲染，效果如图6-55所示。从中可以发现，没有了区域光做主光源，整个环境是灰黄色的。

04 画面偏黄色是因为环境是偏黄色的，如图6-56所示，调节饱和度可控制偏色的程度。

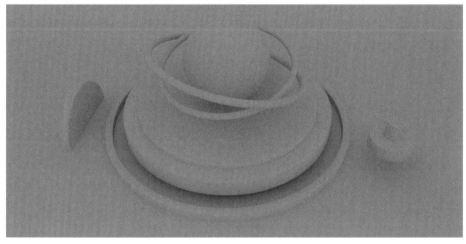

87time hdr 017.hdr

图6-55　　　　　　　　　　　　　　　　　　图6-56

05 设置"饱和度"为-100%，如图6-57所示。此时渲染场景后，画面呈现灰白色，如图6-58所示。

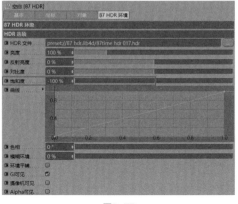

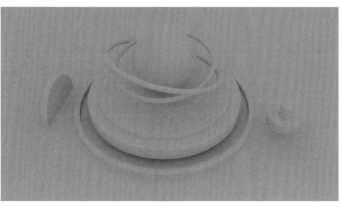

图6-57　　　　　　　　　　　　　　　　　　图6-58

6.2.2 HDR文件调节

01 将加载的HDR文件更换为029.hdr，如图6-59所示，文件预览效果如图6-60所示。

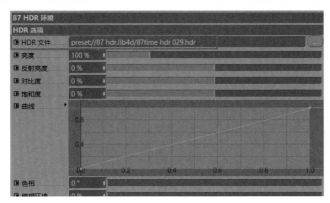

87time hdr 029.hdr

图6-59   图6-60

02 渲染当前场景后，画面呈现灰蓝色，如图6-61所示。这是因为029.hdr的环境偏蓝色，所以得到的效果也就偏蓝色。

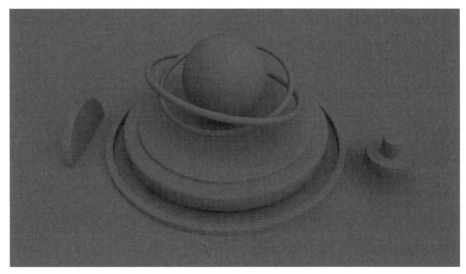

图6-61

03 加载009.hdr文件，然后进行渲染，如图6-62所示。

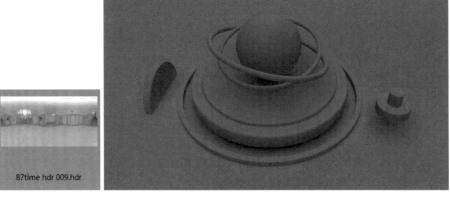

87time hdr 009.hdr

图6-62

04 加载012.hdr文件，然后进行渲染，如图6-63所示。

图6-63

> **💡提示** 不同的环境渲染出来的效果是不一样的。不同的贴图影响的不仅是颜色，也会影响其反射的效果。

05 打开学习资源中的"实例文件>CH06>6.2 87time HDR环境详解2.c4d"文件，模型被赋予了材质。将001.hdr文件添加到环境中，此时的渲染效果如图6-64所示。

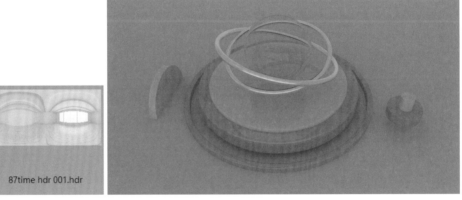

图6-64

06 将006.hdr文件添加到环境中，此时的渲染效果如图6-65所示。

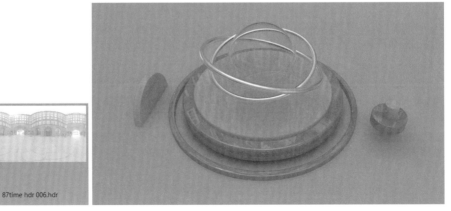

图6-65

通过两个测试对比，可以观察到，在同样材质的场景中，不同的环境所呈现的反射效果是不同的。

6.2.3 亮度调节

01 将001.hdr文件添加到环境中，然后设置"亮度"为100%，如图6-66所示。此时的渲染效果如图6-67所示。

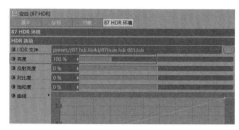

图6-66

图6-67

02 设置"亮度"为60%，然后进行渲染，参数设置及效果分别如图6-68和图6-69所示。

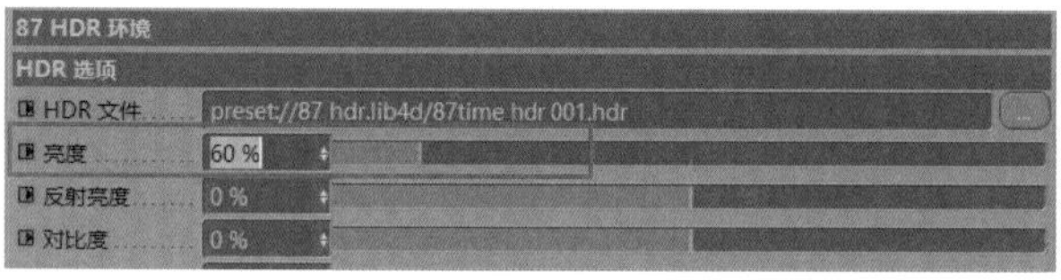

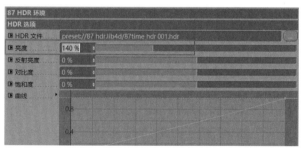

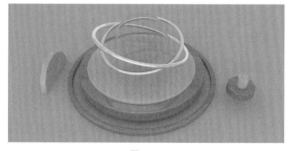

图6-68

图6-69

03 设置"亮度"为140%，然后进行渲染，参数设置及效果分别如图6-70和图6-71所示。通过不同参数的演示，可以观察到，亮度会控制整个场景的光照。亮度越高，画面环境越亮，反射越明显；亮度越低，画面环境越暗，反射也相对暗一些。

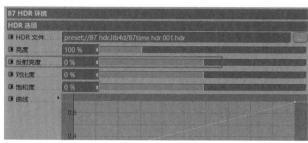

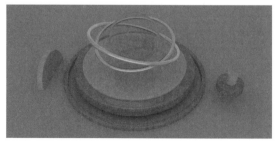

图6-70

图6-71

6.2.4 反射亮度调节

01 设置"反射亮度"为0%，然后进行渲染，参数设置及效果分别如图6-72和图6-73所示。

图6-72

图6-73

02 设置"反射亮度"为–40%，然后进行渲染，效果如图6–74所示。

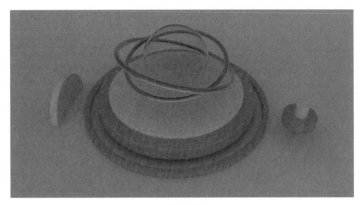

图6–74

03 设置"反射亮度"为40%，然后进行渲染，效果如图6–75所示。

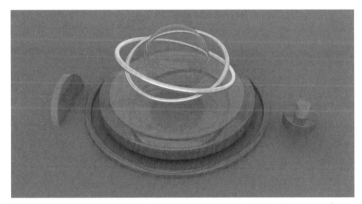

图6–75

> **提示** "反射亮度"与材质的反射强度有什么不同呢？调节材质的反射强度是单独调节某个材质的反射强度，而反射亮度是控制其整体反射的亮度。

通过不同参数的演示，可以观察到反射亮度是在整体光照亮度不变的情况下，单独控制环境参与反射的亮度。

6.2.5 对比度调节

01 设置"对比度"为0%，然后进行渲染，参数设置及效果分别如图6–76和图6–77所示。

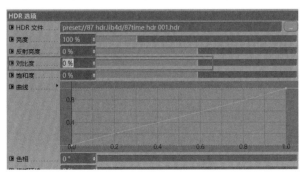

图6–76

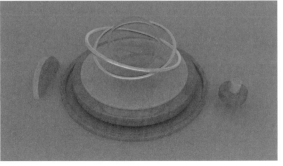

图6–77

02 设置"对比度"为-50%，然后进行渲染，效果如图6-78所示。

03 设置"对比度"为50%，然后进行渲染，效果如图6-79所示。

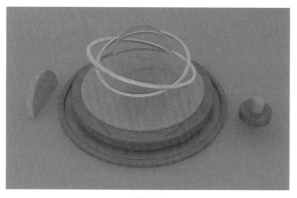

图6-78

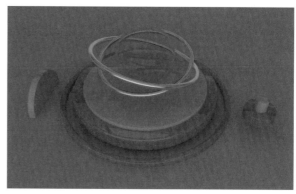

图6-79

通过不同参数的演示，可以观察到对比度调节的是整体环境画面的色彩对比度。

6.2.6 曲线调节

01 设置"曲线"面板如图6-80所示，然后进行渲染，效果如图6-81所示。

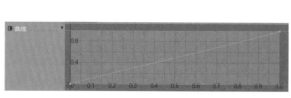

图6-80

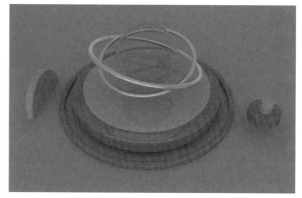

图6-81

02 设置"曲线"面板如图6-82所示，然后进行渲染，效果如图6-83所示。

图6-82

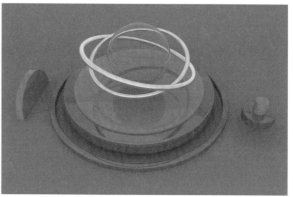

图6-83

03 设置"曲线"面板如图6-84所示，然后进行渲染，效果如图6-85所示。通过不同参数的演示，可以观察到利用曲线可以对环境进行亮度的调节。

图6-84

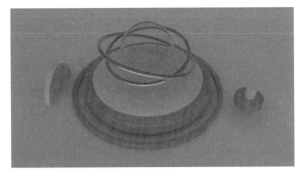

图6-85

6.2.7 其他画面调节

01 设置"模糊环境"为0%，然后进行渲染，参数设置及效果分别如图6-86和图6-87所示。

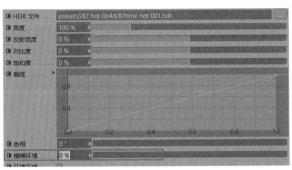

图6-86

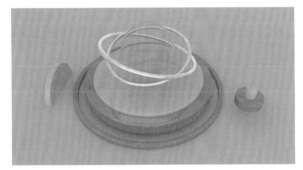

图6-87

02 设置"模糊环境"为10%，然后进行渲染，效果如图6-88所示。

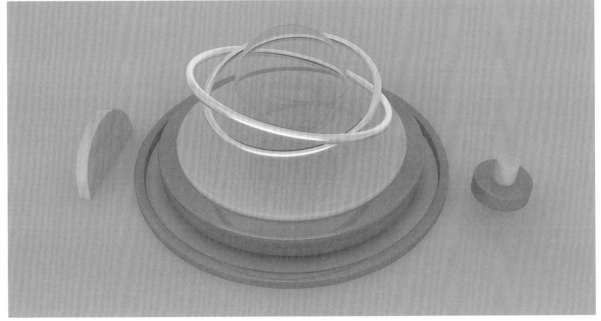

图6-88

6.2.8 可见性调节

"HDR选项"面板中有4个可见性选项,如图6-89所示。

图6-89

重要参数介绍

GI可见:环境是否参考全局光照效果,一般会勾选此选项。

摄像机可见:默认渲染时是看到不到背景的,勾选此选项后可以看到背景,一般情况下不勾选此选项。

Alpha可见:环境对Alpha是否可见,默认是取消的,不需要调节。

折射可见:环境对折射的物体是否可见。默认是取消折射可见的,效果如图6-90所示,可以观察到玻璃里面是黑色的,这样更方便后期调节;勾选此选项后的效果如图6-91所示,玻璃会折射出HDR环境。

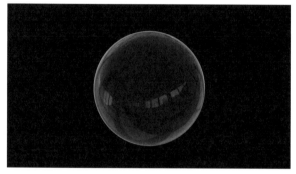

图6-90

图6-91

6.2.9 视图查看调节

"HDR选项"面板中的"视图查看"卷展栏,如图6-92所示。

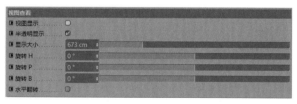

图6-92

重要参数介绍

视图显示:在画面中是否显示HDR文件(只显示,不会对渲染有影响)。

半透明显示:是否以半透明显示。

显示大小:显示环境球的大小(只显示,不会对渲染有影响)。

旋转H:在H方向对环境进行旋转。

旋转P:在P方向对环境进行旋转。

旋转B:在B方向对环境进行旋转。

水平翻转:勾选此选项,对环境进行水平翻转。

第 7 章

综合应用案例

在前边的内容中我们学习了工作中常用的各项技能，本章会将这些技能运用到综合案例中。相比之前的案例，综合案例在各方面的要求更高，场景更加复杂，材质也更加酷炫。

7.1 绽放的蓝紫色水晶花

本节将制作一朵绽放的水晶花，此案例的效果比较偏向视觉创意类。相信很多读者第一次看到视觉创意类的效果图时会有无从下手的感觉，这也是视觉创意类图形让很多人头疼的原因，它并不具有多难的技术，也没有一个参考的标准，更多的是一种视觉上的表现。

◇ 场景位置	无
◇ 实例位置	实例文件>CH07>7.1 绽放的蓝紫色水晶花
◇ 视频名称	7.1 绽放的蓝紫色水晶花

本案例重点

» 绽放的蓝紫色水晶花的创作思路　　» 运动图形的克隆　　» 炫丽材质的调节

7.1.1 模型部分的制作

01 水晶花模型看起来很复杂，但分解来看是由一片片花瓣模型组合而成的。在场景中新建一个"立方体"对象，然后调整大小，接着修改"分段"参数，参数设置如图7-1所示，模型效果如图7-2所示。

> **提示** 作为图形设计工作者，要时刻锻炼自己把控图形外观、结构和颜色等要素的能力，这也是最基本的能力。因此，笔者建议大家直接在视图窗口调整图形。

图7-1

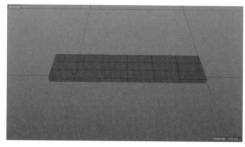

图7-2

02 为立方体添加FFD变形器，然后将其加入"立方体"的子层级，如图7-3所示。

03 设置FFD的"水平网点"为7，"垂直网点"为3，"纵深网点"为5，然后调节FFD的大小，并在透视图中进行转动以观察各个角度，确保FFD完全包裹住立方体，如图7-4和图7-5所示。

04 在FFD的"点"模式下调节立方体的形态，让它形成类似花瓣的大体效果，如图7-6所示。

图7-3

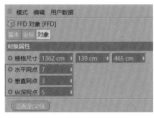

图7-4

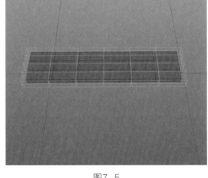

图7-5

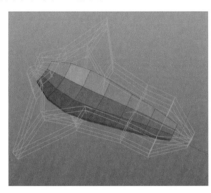

图7-6

05 为步骤04中的模型添加"扭曲"变形器，然后将其加入"立方体"的子层级，并放到FFD的下方，如图7-7所示。这里可以关闭FFD效果器后的显示点，方便观察。

06 加入"扭曲"变形器后，默认是从Y方向进行扭曲，所以设置B方向上旋转-90°，如图7-8所示。

07 调整"扭曲"变形器的尺寸，让它包裹住类似花瓣的模型，如图7-9所示。

图7-7

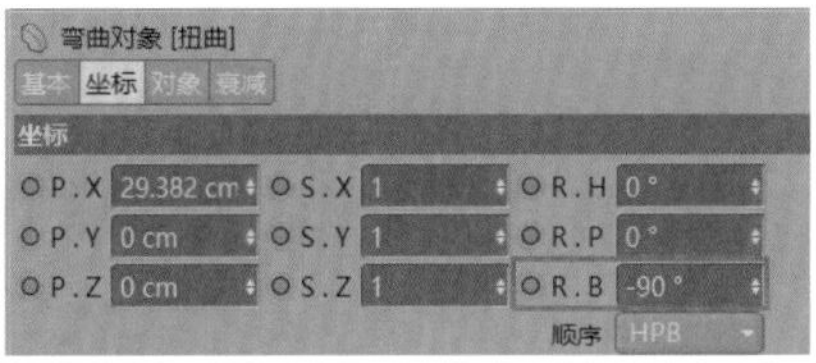

图7-8

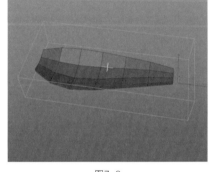

图7-9

08 在"扭曲"的"属性"面板中设置"强度"为69°，如图7-10所示，得到图7-11所示的模型效果。

09 此时花瓣有了弯曲的效果，但模型太死板。在"运动图形"菜单中执行"效果器-随机"命令，为它加入一个随机效果，如图7-12所示，让模型更加生动一些。

图7-10

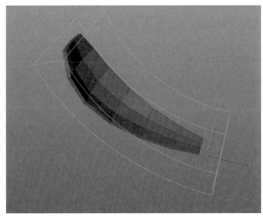

图7-11

图7-12

10 将步骤09中添加的"随机"效果器放置在"扭曲"变形器的下方,如图7-13所示。

11 选择"随机"效果器的"变形器"选项卡,然后把"变形"设置为"点",如图7-14所示。这样效果器就成了一个变形器,它将对立方体上的点起作用。

图7-13

12 此时观察视图,"随机"效果器已经对模型起作用了,如图7-15所示。

图7-14

图7-15

13 在"随机"效果器的"参数"选项里,设置X、Y和Z都为32cm,如图7-16所示,模型效果如图7-17所示。

14 把整个模型进行整理打组,并命名为"花瓣",然后复制一份,命名为"花瓣 点",如图7-18所示。

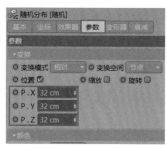

图7-16

图7-17

15 为"花瓣 点"增加"晶格"变形器,然后将"花瓣 点"加入"晶格"的子层级,如图7-19所示。

16 调节"晶格"的"圆柱半径"为0.2cm,"球体半径"为2cm,如图7-20所示。执行操作后,就在模型的周围增加了点的效果,如图7-21所示。

图7-18

图7-19

图7-20

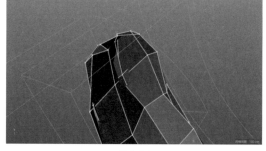

图7-21

17 把"花瓣"与"晶格"打成一个组,然后调节整体的轴心,使其位于模型的右下方,如图7-22所示。

18 在菜单栏中执行"运动图形-克隆"命令,然后把整个模型放到"克隆"的子层级,如图7-23所示。

19 更改克隆对象的"模式"为"放射",然后设置"数量"为10,"平面"为XZ,如图7-24所示,模型效果如图7-25所示。

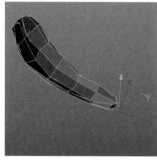

图7-22

图7-23

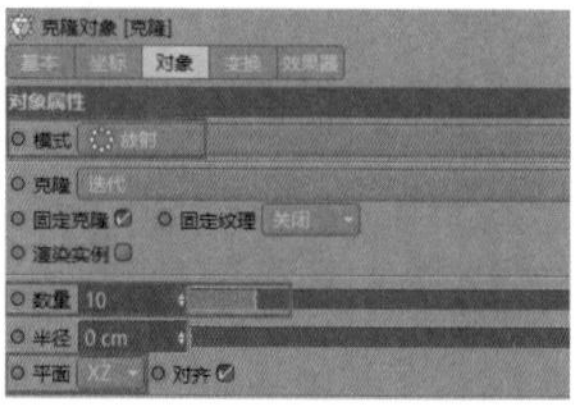

图7-24

图7-25

20 进行到这一步，很多读者应该已经想到了如何制作整个模型，其实就是在这个基础模型上再继续变化。把制作好的模型命名为03，然后复制一组，命名为02，如图7-26所示。

21 为02增加"简易"效果器，然后勾选"等比缩放"选项，把"缩放"设置为-0.36，如图7-27所示。此时整个02模型都缩小了，如图7-28所示。

图7-26　　　　　　　　图7-27

图7-28

22 用同样的方法，把03复制一份，命名为04，如图7-29所示。

23 为04增加"简易"效果器，然后勾选"等比缩放"选项，把"缩放"设置为0.3，如图7-30所示。此时整个04模型都放大了，如图7-31所示。

图7-29　　　　　　　　图7-30

图7-31

此时，观察模型会发现模型整体太相似，这并不是我们想要的效果，接下来要对模型进行调整优化。我们先从04开始调整，可以把其他部分隐藏，也可以把04复制到一个新建工程中进行优化。

24 选择04的基础花瓣模型，然后把它调整得比03更宽一些，如图7-32所示。

25 设置"扭曲"的"强度"为53°，如图7-33所示。创意类模型的形态并不固定，感觉怎么美观便怎么调整，读者平时可以参考各类优秀的作品分析其结构，从而提升自己的审美能力。

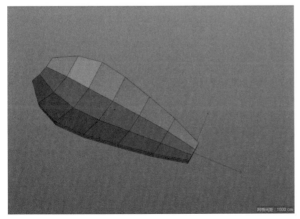

图7-32

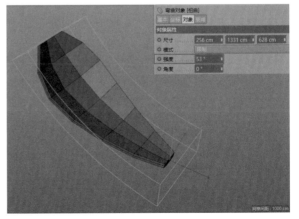

图7-33

26 观察模型效果，继续增加04的"随机"效果，参数设置如图7-34所示，模型效果如图7-35所示。

图7-34

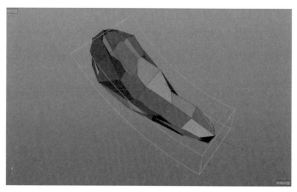

图7-35

💡 **提示** 调节创意图形时不要刻意去看参数，要时刻注意观察模型的画面效果，调节到你觉得漂亮为止。

27 现在的花瓣有一些太生硬了，把"扭曲"再复制一个，然后结合模型调整其位置。两个"扭曲"效果器同时作用于模型，如图7-36所示。这样就完成了04花瓣模型的调节。

28 有了花瓣的基础模型，那"晶格"效果自然也就有了。如果没有两组参数一起进行修改，再把复制出来的"晶格"的子层级替换为刚刚修改的花瓣模型即可，如图7-37所示。

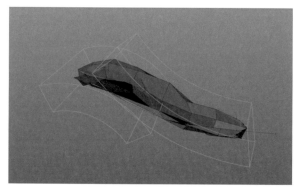

图7-36

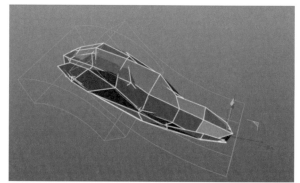

图7-37

29 将04的"克隆"的"数量"设置为8，如图7-38所示，模型效果如图7-39所示。

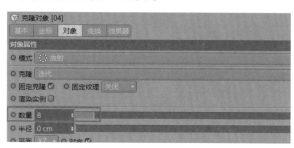

图7-38

图7-39

30 通过对04的调节，我们可以总结出只需改变变形器的参数就能做出不一样的效果。用同样的方法继续调节02，找到02的基础花瓣模型，然后调节FFD的形态，如图7-40所示。

31 与调节04一样，复制一个"扭曲"变形器，然后调整两个"扭曲"变形器的参数和形态，如图7-41所示。

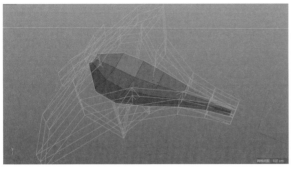

图7-40   图7-41

32 图7-42和图7-43所示的是笔者设置的两个"扭曲"变形器的参数，读者无须完全按照此参数进行调节，只要认真观察画面效果，达到自己认为漂亮的形态即可。

33 调节02的"随机"效果器参数，如图7-44所示，模型效果如图7-45所示。

34 将02、03和04调节完成后组合在一起，如图7-46所示，此时的模型整体形态要比之前丰富自然许多。

图7-42   图7-43   图7-44

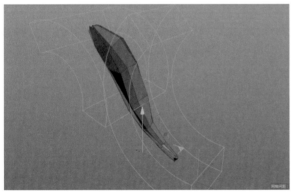

图7-45   图7-46

35 用同样的思路和方法制作出01。把03再复制一份，然后改名为01，接着添加"简易"效果器到子层级，再使用"等比缩放"模式将"缩放"设置为-0.65，最后把01中"扭曲"的"强度"调节得大一些，如图7-47和图7-48所示，效果如图7-49所示。

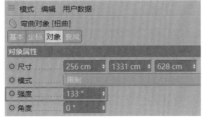

图7-47   图7-48   图7-49

36 将4组调节后的模型组合在一起，效果如图7-50所示。

37 用相同的方法制作05。把04复制一份，然后改名为05，接着设置05的FFD形态，如图7-51所示。

图7-50　　　　　　　　　　　　　　　图7-51

38 调节两个"扭曲"变形器的参数，如图7-52和图7-53所示，效果如图7-54所示。

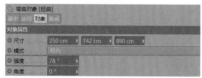

图7-52

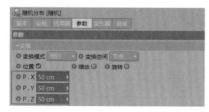

图7-53

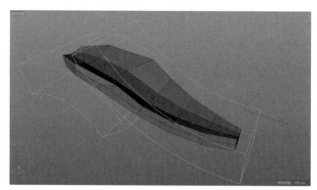

图7-54

39 调整"随机"变形器的参数，如图7-55所示，效果如图7-56所示。

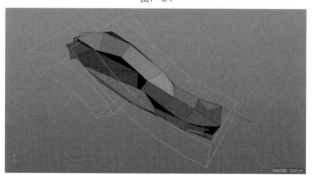

图7-55　　　　　　　　　　　　　　　图7-56

40 调整"简易"变形器的"缩放"为0.43，如图7-57所示。然后将5组模型进行组合，最终效果如图7-58所示。

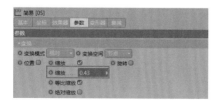

图7-57　　　　　　　　　　　　　　　图7-58

7.1.2 摄像机与光影材质

01 为场景增加一个摄像机，然后设置"焦距"为17.87，如图7-59所示。为了让视图更有冲击力，这里将摄像"焦距"调节为短焦广角。

02 调整摄像机视角达到满意的构图效果，如图7-60所示。

03 打开"内容浏览器"窗口，然后在"常用工具"中选择"09点光"，如图7-61所示。

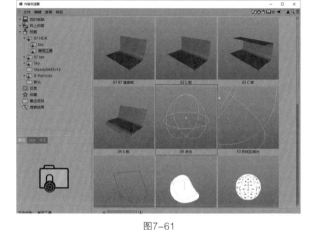

图7-59　　　　　　　　图7-60　　　　　　　　　　　　　　　图7-61

04 在花的上方创建出4个点光，位置如图7-62所示。

05 测试渲染效果如图7-63所示。这里使用点光，目的是为了让渲染速度更快，虽然光影或许会略有瑕疵，但可以利用材质与后期来弥补。

图7-62　　　　　　　　　　　　　　　　　　图7-63

06 观察测试效果，整体画面亮度还可以，但中间部分显得有一些暗，所以继续在暗的区域增加灯光。创建出6个小的点光，然后放在花的中间位置，如图7-64所示，测试渲染效果如图7-65所示。

图7-64　　　　　　　　　　　　　　　　　　图7-65

07 观察画面可以看到，最中间的部分还是有一些暗，继续增加灯光，如图7-66所示，测试渲染效果如图7-67所示。

图7-66

图7-67

至此，就完成了场景全部灯光的设置，此案例中并没有使用全局光照效果。

7.1.3 蓝紫色水晶材质调节

01~05每一层的材质都不一样，可以像建模一样从中间开始调节，然后更改参数，过渡到其他部分。

01 调节03的材质。创建一个材质球，在"颜色"选项的"纹理"通道中加入"菲涅耳（Fresnel）"贴图，接着设置"渐变"颜色为紫色和蓝色，如图7-68所示。

图7-68

02 调节材质的"透明"通道，然后设置"折射率"为1.42，"亮度"为56%，接着在"纹理"通道中加入"菲涅耳（Fresnel）"贴图，再设置"混合强度"为45%，如图7-69所示。

03 在"反射"通道中增加一个GGX类型的反射，然后在"纹理"通道中加入"菲涅耳（Fresnel）"贴图，接着设置"亮度"为16%，"混合强度"为55%，如图7-70所示。

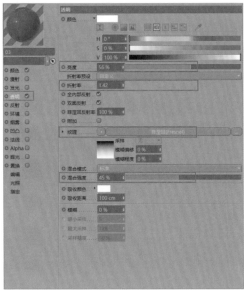

图7-69

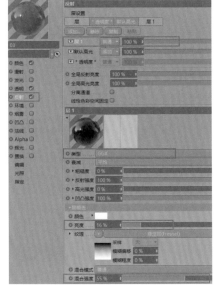

图7-70

208

04 渲染查看材质效果，如图7-71所示。

图7-71

05 下面调节04的材质，与03的调节方法基本相同，主要是颜色上有差别。首先在"颜色"选项的"纹理"通道中加入"菲涅耳（Fresnel）"贴图，然后调节"渐变"的颜色，如图7-72所示。

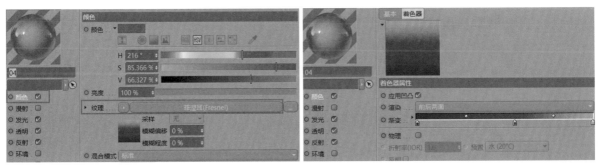

图7-72

06 勾选"发光"选项，然后在"纹理"通道中加入"菲涅耳（Fresnel）"贴图，接着调节"渐变"的颜色，如图7-73所示。

07 勾选"透明"选项，然后设置"折射率"为1.38，接着在"纹理"通道中加入"菲涅耳（Fresnel）"贴图，再设置"亮度"为29%，"混合强度"为47%，如图7-74所示。

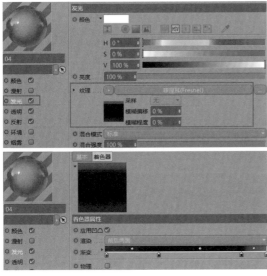

图7-73

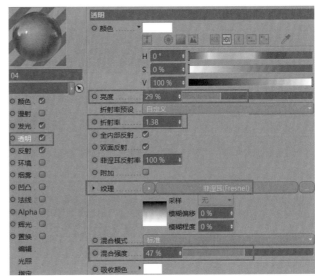

图7-74

08 在"反射"选项中增加一个GGX类型的反射，然后在"纹理"通道中加入"菲涅耳（Fresnel）"贴图，接着设置"亮度"为16%，"混合强度"为55%，如图7-75所示，材质效果如图7-76所示。

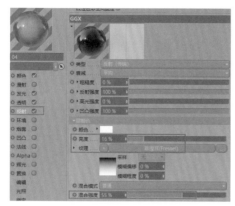

图7-75　　　　　　　　　　　　　　　　　　　　　　图7-76

09 下面调节05的材质。在"颜色"选项的"纹理"通道中加入"渐变"贴图，然后设置"渐变"的颜色，如图7-77所示。

图7-77

10 勾选"发光"选项，然后在"纹理"通道中加入"菲涅耳（Fresnel）"贴图，接着设置"渐变"的颜色，如图7-78所示，材质效果如图7-79所示。

11 勾选"透明"选项，然后设置"折射率"为1.87，接着在"纹理"通道中加入"菲涅耳（Fresnel）"贴图，再设置"亮度"为12%，"混合强度"为87%，如图7-80所示。

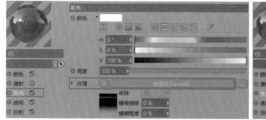
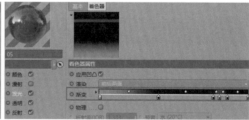

图7-78

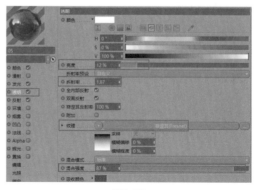

图7-79　　　　　　　　　　　　　　　　　　　　　　图7-80

12 勾选"反射"选项,然后增加GGX类型的反射,接着在"纹理"通道中加入"菲涅耳(Fresnel)"贴图,再设置"亮度"为58%,"混合强度"为75%,如图7-81所示,材质效果如图7-82所示。

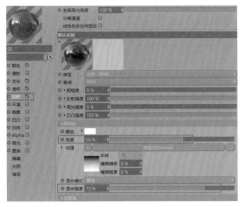

图7-81

图7-82

13 为04与05"晶格"上的细线赋予一个深色的材质,做出线条的细节,如图7-83所示,材质效果如图7-84所示。

图7-83

图7-84

14 接下来调节02的材质。在"颜色"选项的"纹理"通道中加入"菲涅耳(Fresnel)"贴图,然后设置"渐变"的颜色,如图7-85所示。

15 勾选"透明"选项,然后设置"折射率"为1.3,接着在"纹理"通道中加入"菲涅耳(Fresnel)"贴图,再设置"亮度"为69%,"吸收颜色"为青蓝色,如图7-86所示。

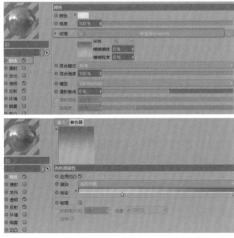

图7-85

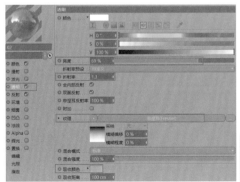

图7-86

211

16 勾选"反射"选项，然后增加GGX类型的反射，接着在"纹理"通道中加入"菲涅耳（Fresnel）"贴图，再设置"亮度"为89%，"混合强度"为82%，如图7-87所示，材质效果如图7-88所示。

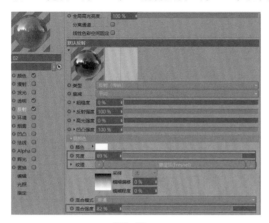

图7-87 图7-88

17 下面调节01的材质。在"颜色"选项的"纹理"通道中加入"菲涅耳（Fresnel）"贴图，然后设置渐变的颜色，如图7-89所示。

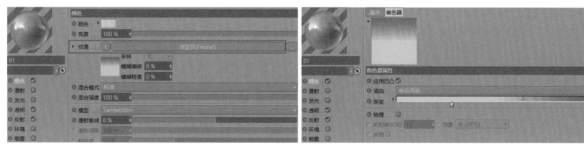

图7-89

18 勾选"透明"选项，然后设置"折射率"为1.3，接着在"纹理"通道中加入"菲涅耳（Fresnel）"贴图，再设置"亮度"为69%，"吸收颜色"为青色，如图7-90所示。

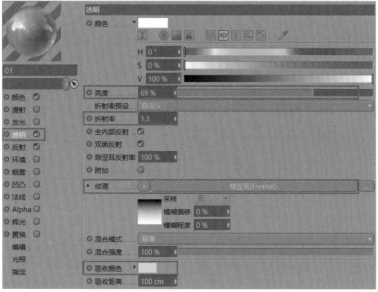

图7-90

19 勾选"反射"选项，然后增加GGX类型的反射，接着在"纹理"通道中加入"菲涅耳（Fresnel）"贴图，再设置"亮度"为87%，"混合强度"为87%，如图7-91所示，材质效果如图7-92所示。

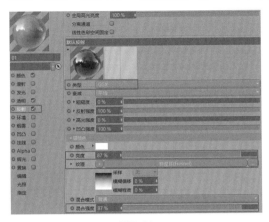

图7-91 图7-92

20 为01与02的"晶格"赋予白色发光的材质。花朵中心看起来有一些暗，把中间灯光的亮度加强。设置"颜色"为亮紫色，"强度"为300%，如图7-93所示。加强中心灯光的亮度后渲染效果，如图7-94所示。

图7-93 图7-94

21 下面进行图片的渲染设置。设置输出图片的"宽度"为1920像素，"高度"为1080像素，如图7-95所示。

22 设置好图片的保存位置，然后设置"格式"为PNG，接着勾选"Alpha通道"和"直接Alpha"选项，如图7-96所示。

23 设置"抗锯齿"为"最佳"，"最小级别"为2×2，"最大级别"为4×4，如图7-97所示。设置完成后就可以渲染输出最终成品了。

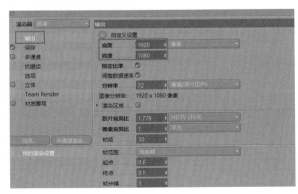

图7-96

图7-95 图7-97

7.1.4 后期合成

01 将渲染出来的图片导入Photoshop，然后调节图片的"曲线"，如图7-98所示。

02 分别调节"曲线"的"红""绿"和"蓝"3个通道，如图7-99~图7-101所示，调节完曲线后的效果如图7-102所示。

03 渲染图的背景是黑色，在右边使用"画笔"工具绘制一点蓝色，加强空间感，如图7-103所示。

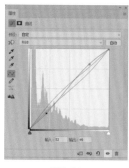
图7-98

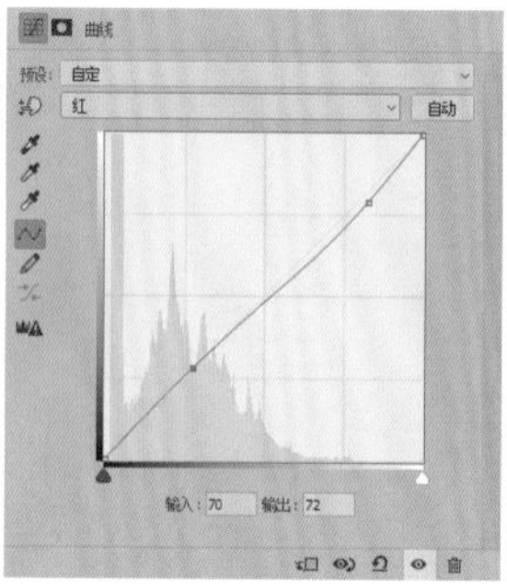

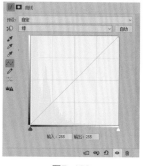
图7-99

图7-100

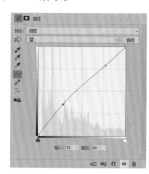
图7-101

图7-102

图7-103

04 新建一个图层，然后使用"填充"命令，将新建的图层"内容"设置为"50%灰色"，如图7-104所示。

05 更改图层"混合模式"为"叠加"，然后直接使用"画笔"工具在灰色上绘制，深色会把图片加深，浅色会把图片提亮。这种明暗调节的方法不会对原图造成画质损失，并且可以局部调节明暗效果，这样我们就能更方便地调节第一处的明暗了。把花的中心提亮，四周压暗，效果如图7-105所示。

06 叠加上光斑素材，最终效果如图7-106所示。

图7-104

图7-105

图7-106

7.2 食物海报场景

本节我们学习制作一个食物海报场景。本案例的模型看似复杂，其实整个场景主要由"立方体""圆柱""挤压"和"扫描"等不同的局部模型组合完成。其实，往往复杂的场景在材质制作方面有时候会更简单，因为模型之间的光影材质都是相互影响的，这样可以达到更丰富的效果。

◇ 场景位置　无

◇ 实例位置　实例文件>CH07>7.2　食物海报场景

◇ 视频名称　7.2　食物海报场景

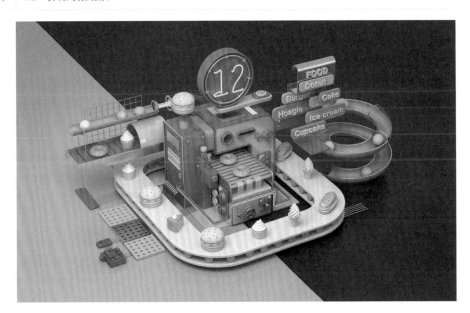

本案例重点

» 海报的模型制作　　　　» 海报的制作流程

7.2.1 模型部分的制作

第一次看到综合的大场景，往往会有无从下手的感觉，不知道怎么开始。先来看一下整体的模型，如图7-107和图7-108所示。

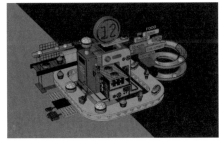

图7-107

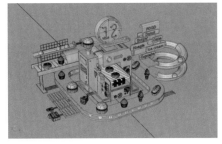

图7-108

215

场景看似复杂，但细心观察模型会发现，整个场景是由基础的模型进行变形组合而成的，先来整体了解一下模型的组合流程，做到心中有数，方便进行制作。图7-109~图7-114所示的是模型组合的流程示意图。

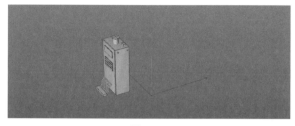
图7-109

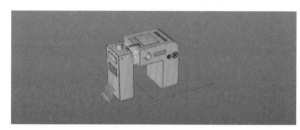
图7-110

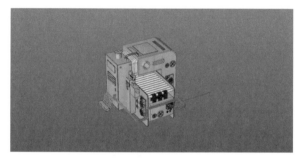
图7-111

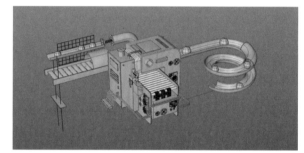
图7-112

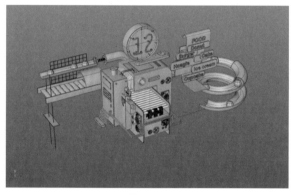
图7-113

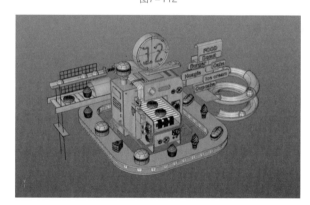
图7-114

　　对场景中的模型有了大体的了解，下面就开始逐步制作。

01 在场景中创建一个立方体模型，如图7-115所示。

图7-115

> **提示** 本案例中的参数仅作参考，读者可根据情况进行修改。

02 创建一个立方体模型，然后根据之前的模型调节其大小及位置，如图7-116所示。

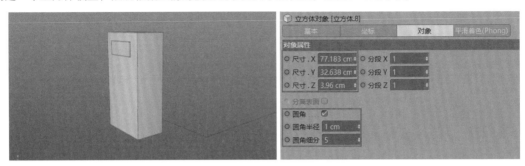

图7-116

03 以同样的思路，继续创建出多个立方体进行组合，如图7-117所示。

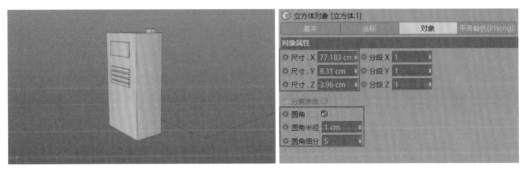

图7-117

04 创建圆柱模型，然后调节模型的大小，并放置于立方体上方，如图7-118所示。

图7-118

05 继续创建出多个圆柱形组合，如图7-119所示。

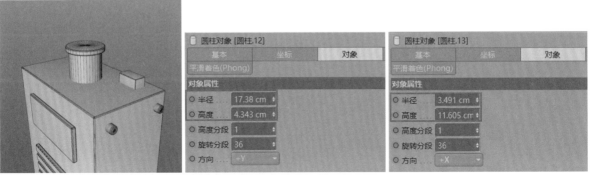

图7-119

06 在模型的下方，绘制一条样条，如图7-120所示。

07 创建一个"半径"为2cm的圆环，然后为样条和圆环添加"扫描"生成器，如图7-121所示。

图7-120

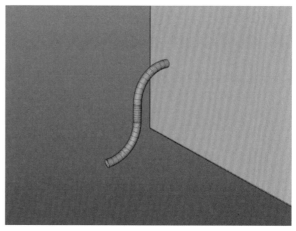

图7-121

08 为扫描后的模型加载"克隆"命令，然后设置"克隆"的"数量"为10，"位置.Z"为8cm，如图7-122和图7-123所示，效果如图7-124所示。

图7-122　　　　　　　　　图7-123

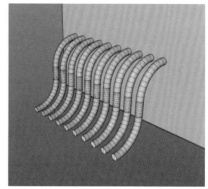

图7-124

09 创建一个立方体，然后调节到合适的位置，如图7-125所示。

10 创建一个"半径"为2cm的圆环，然后在模型左侧绘制一圈样条，接着添加"扫描"生成器以增加模型细节，如图7-126所示。这样就完成了一个模型组合的制作。

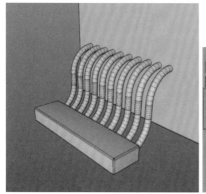

图7-125

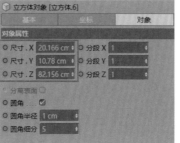

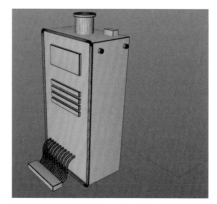

图7-126

在本案例的制作中有大量的环形管道与细节，这些都是运用"扫描"生成器进行制作的。

"扫描"就是把一个样条制作成有截面的模型，截面靠上方的样条控制。图7-127中绘制的"矩形"和"圆环"样条，"圆环"在"矩形"上方，因此"圆环"作为"矩形"的截面，"扫描"后的效果如图7-128所示。

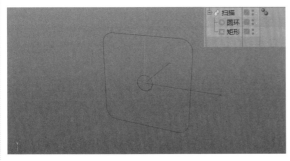

图7-127

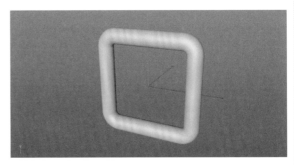

图7-128

不同的路径，扫描出的形状也不同，如图7-129和图7-130所示。

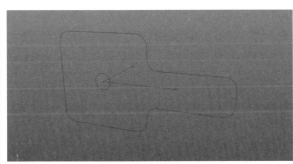

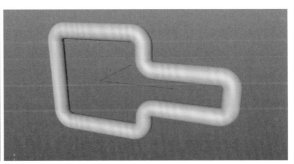

图7-129

图7-130

同样的道理，不同的截面路径，扫描出的效果也不同，如图7-131~图7-133所示。

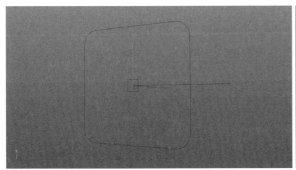

图7-131

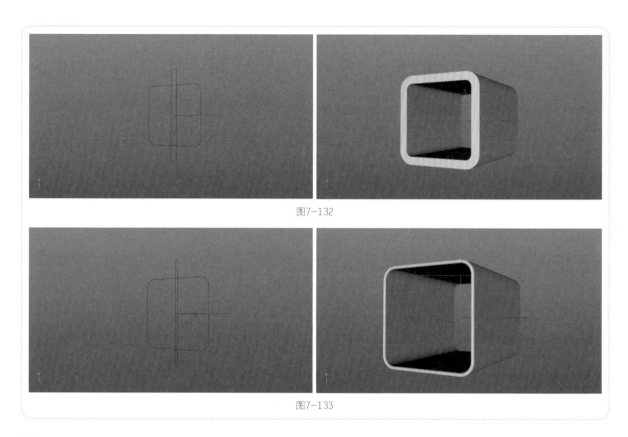

图7-132

图7-133

11 在正视图中绘制出如下路径，然后为模型加载"挤压"生成器，如图7-134和图7-135所示。

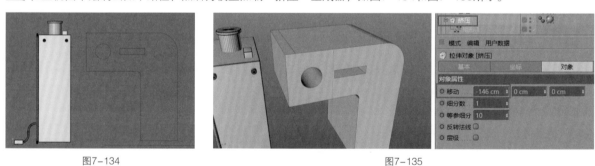

图7-134   图7-135

12 创建一个圆柱，然后再创建两个矩形并扫描，接着调整大小后放置于模型的孔洞中，如图7-136和图7-137所示。

图7-136   图7-137

13 创建一个矩形，将其作为最外圈扫描的截面，然后进行扫描，如图7-138所示。

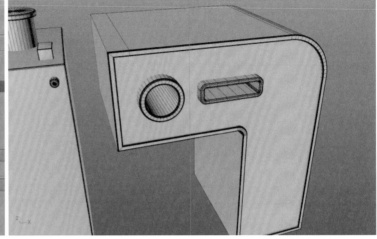

图7-138

14 创建两个立方体，然后增加模型的细节，立方体的参数设置如图7-139所示，模型效果如图7-140所示。

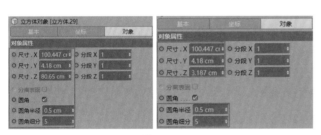

图7-139

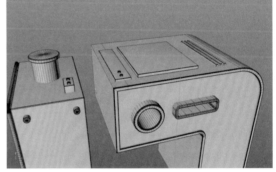

图7-140

> **提示** 细小的圆柱体模型参数这里没有提供，读者可根据模型比例进行设置。

15 使用"扫描"生成器为两个模型生成链接模型，这里使用"扫描"的默认参数，如图7-141所示。

16 继续使用默认的"扫描"生成器参数创建一个环形，如图7-142所示。将创建的圆环模型进行复制组合，如图7-143所示。

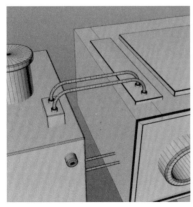

图7-141

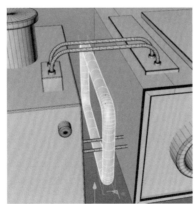

图7-142

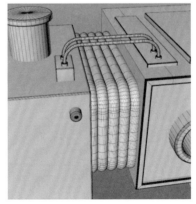

图7-143

17 导入素材模型JX01.c4d文件，然后组合到场景中，如图7-144和图7-145所示。

图7-144

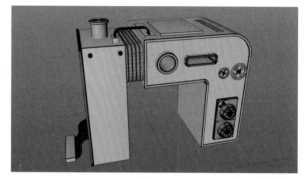
图7-145

18 绘制一个矩形，然后添加"挤压"生成器，如图7-146和图7-147所示。

图7-146

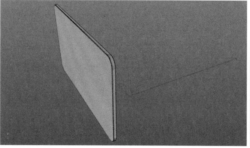
图7-147

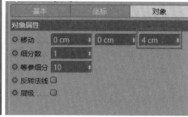

19 将步骤18中创建的矩形复制一份，如图7-148所示。

20 创建一个圆柱，然后复制出多个后与矩形模型进行组合，如图7-149所示。

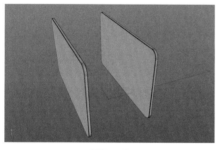
图7-148

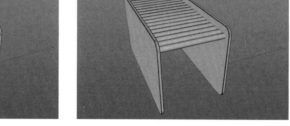
图7-149

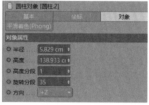

21 创建一个立方体与模型进行组合，如图7-150所示。

22 绘制一条样条并复制3组，然后进行扫描，效果如图7-151所示。

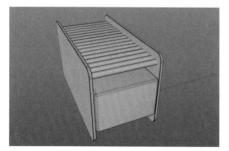
图7-150

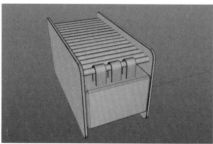
图7-151

222

23 在模型周边绘制样条，然后进行扫描，如图7-152和图7-153所示。

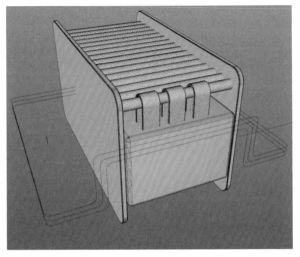

图7-152

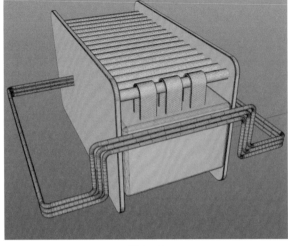

图7-153

24 导入素材模型JX02.c4d文件，然后与模型进行组合，如图7-154和图7-155所示。

图7-154

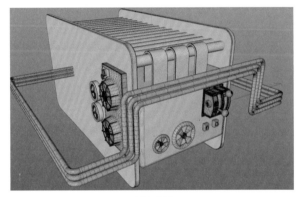

图7-155

25 将现有的模型进行组合，如图7-156所示。

26 接下来丰富两个模型组合的一些细节。创建出两个立方体进行组合，参数设置如图7-157所示，效果如图7-158所示。

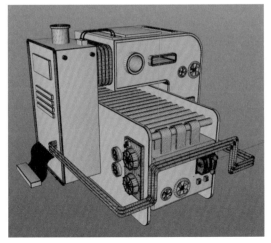

图7-156

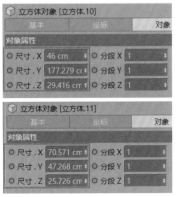

图7-157

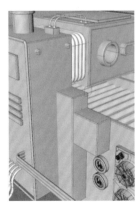

图7-158

27 继续创建出两个小立方体进行组合，参数设置如图7-159所示，效果如图7-160所示。

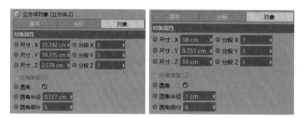

图7-159

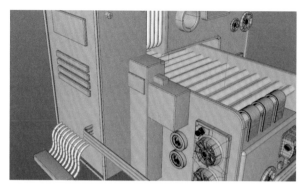

图7-160

28 创建出圆柱进行组合，参数设置如图7-161所示，效果如图7-162所示。

图7-161

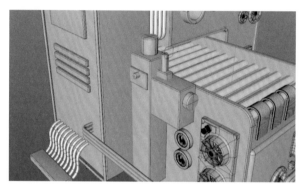

图7-162

29 创建出多个圆柱并进行不同的组合，如图7-163所示。

> 💡**提示** 到这里就完成了中心的机械模型制作。相信读者已经体会到了，看似很复杂的结构模型，其实都是由最基础的模型进行各种组合而成的。本案例制作步骤中的参数仅供参考，对于没有提到的参数，读者可根据模型效果进行自由发挥。

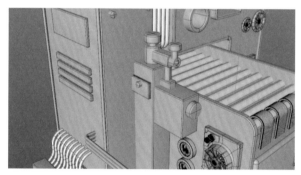

图7-163

30 创建一个圆柱，如图7-164所示。

31 为步骤30中创建的圆柱添加一个管道模型，然后将其包裹住，如图7-165所示。

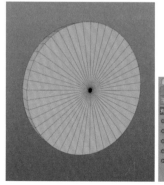

图7-164

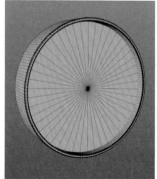

图7-165

32 创建一个圆环，调整参数后进行拼合，如图7-166所示。

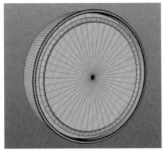

图7-166

33 创建出12的灯管模型，如图7-167所示。

图7-167

> **提示** 此处的灯管模型是之前3.9节中的灯管模型，读者可以直接将其导出使用。

34 创建一个矩形，然后进行挤压，如图7-168所示。接着创建3个大小不等的圆柱体，如图7-169所示。将这些模型进行拼合，如图7-170所示。

35 将步骤34中制作好的模型与之前的模型进行组合，如图7-171所示。

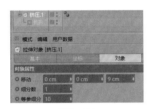

图7-168

图7-169

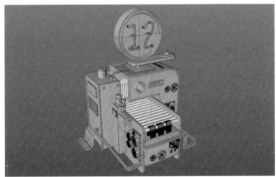

图7-170 图7-171

36 创建两个立方体，如图7-172所示。

37 继续创建一个立方体，然后与步骤36中创建的立方体进行组合，如图7-173所示。

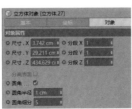

图7-172

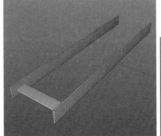
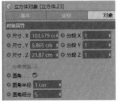

图7-173

225

38 将步骤37中创建的立方体复制多份，然后进行拼合，如图7-174所示。

39 创建一个管道模型，然后调节切片"起点"与"终点"的参数，使其成为一个半圆环，如图7-175所示。

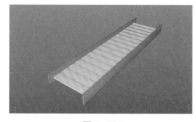

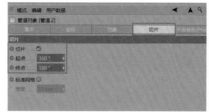

图7-174   图7-175

40 继续使用管道模型创建出上半部分，如图7-176所示。

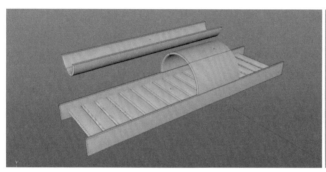

图7-176

41 创建3个圆环，然后进行组合，参数设置及效果分别如图7-177和图7-178所示。

图7-177   图7-178

42 绘制一个螺旋，然后进行扫描，参数设置及效果分别如图7-179和图7-180所示。

43 在步骤42中创建的模型的右侧添加内部的管道模型，如图7-181所示。

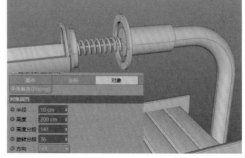

图7-179   图7-180   图7-181

44 继续使用管道模型创建出右侧的外部管道模型，如图7-182所示。完成后的组件模型效果，如图7-183所示。

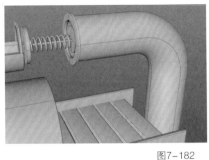
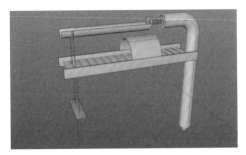

图7-182   图7-183

45 将之前做好的模型进行组合，如图7-184所示。

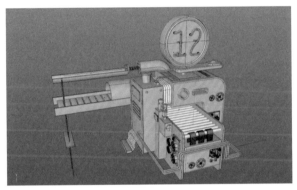

图7-184

46 绘制出图7-185所示的样条，然后制作出半个管道，如图7-186所示。

图7-185   图7-186

47 将步骤46中创建的管道"约束"在样条上，如图7-187所示。

48 用同样的方法，制作出上半部分的半个管道，如图7-188所示。

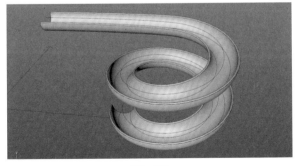

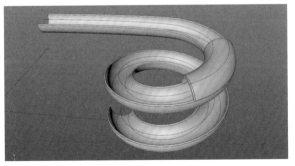

图7-187   图7-188

49 将管道模型与其他模型进行组合，如图7-189所示。此处把步骤48中创建出的半个管道隐藏了，因为计划给模型加入透明的玻璃材质，玻璃的渲染速度会慢一些，所以先隐藏了，快制作完成时再显示出来即可。

50 在右视图中绘制出图7-190所示的样条，然后对样条进行扫描，效果如图7-191所示。

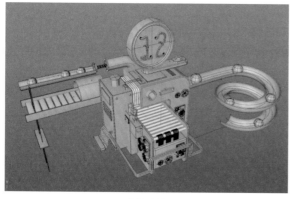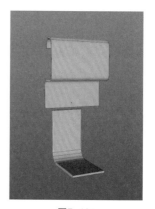

图7-189   图7-190   图7-191

51 挤压出多个圆角矩形，然后进行不同的排列，如图7-192所示。圆角矩形的尺寸可随意设置。

52 在模型上创建一些文字样条，然后进行挤压，如图7-193所示。

53 将已完成的模型进行组合，如图7-194所示。

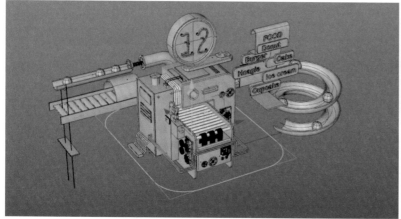

图7-192   图7-193   图7-194

54 在模型底部创建一个矩形样条，制作轨道，如图7-195所示。

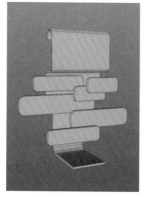

图7-195

55 使用"扫描"生成器制作出图7-196所示的模型，然后将模型复制一份，如图7-197所示。

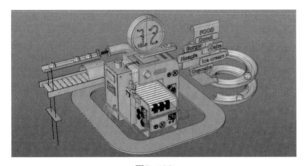

图7-196

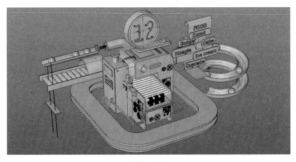

图7-197

56 在两个扫描出来的轨道模型中间加入圆柱模型，如图7-198所示。

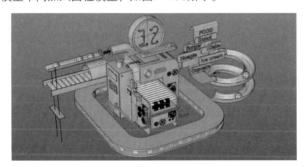

图7-198

57 导入素材模型shiwu.c4d文件，如图7-199所示，然后将其放置于轨道模型上，如图7-200所示。

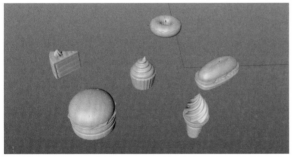

图7-199

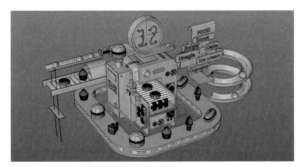

图7-200

58 创建两个立方体作为地面，如图7-201所示。制作出左边的镂空板，然后用"扫描"生成器制作出管道，进行细节部分的连接，如图7-202所示。

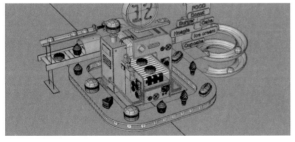

图7-201

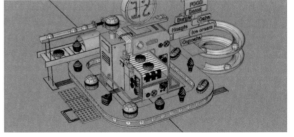

图7-202

提示 此处的镂空板模型，可以直接导入3.9节中灯管字的背景，也可以使用同样的方法进行制作。

59 导入开关.c4d文件，然后组合在场景中并创建摄影机，如图7-203和图7-204所示。

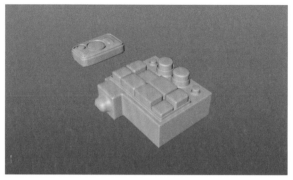
图7-203

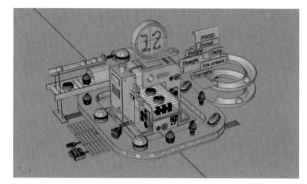
图7-204

7.2.2 场景灯光

01 打开"内容浏览器"，然后选择"10目标区域光"，接着将其添加到场景中，如图7-205和图7-206所示。

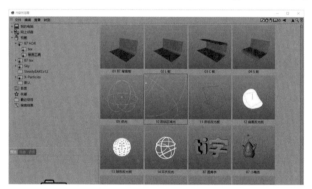
图7-205

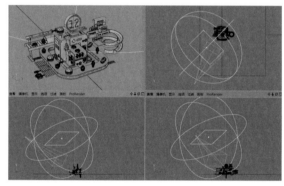
图7-206

02 加入"87 HDR环境"，然后设置"饱和度"为-65%，其他保持默认即可，如图7-207所示。

03 增加"全局光照"选项，然后设置"二次反弹算法"为"辐照缓存"，"强度"为110%，"饱和度"为110%，"漫射深度"为4，"采样数量"为64，如图7-208所示。

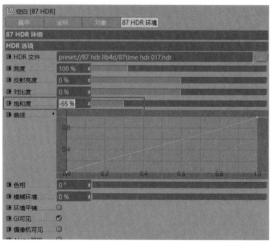
图7-207

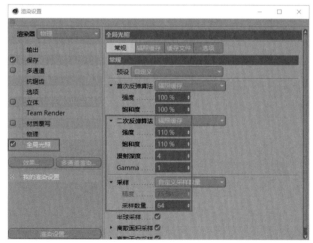
图7-208

04 在"辐照缓存"中设置"记录密度"为"预览","平滑"为100%，如图7-209所示，完成后的效果如图7-210所示。

图7-209

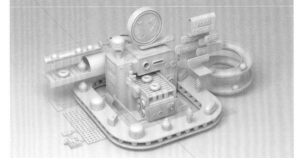

图7-210

7.2.3 场景材质

01 下面设置主体模型的材质。勾选"颜色"选项，然后设置"颜色"为红色，接着勾选"反射"选项，设置层强度为18%，"类型"为GGX，"粗糙度"为39%，如图7-211和图7-212所示。

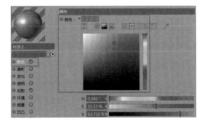

图7-211

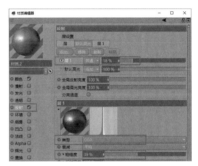

图7-212

02 将设置好的材质球赋予部分模型，如图7-213所示。

03 勾选"颜色"选项，然后设置"颜色"为橙色，接着勾选"反射"选项，设置层强度为18%，"类型"为GGX，"粗糙度"为6%，"高光强度"为0%，如图7-214和图7-215所示。

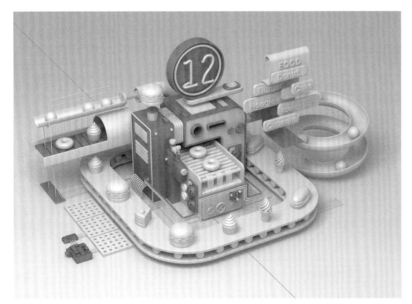

图7-213

图7-214

图7-215

04 将设置好的材质球赋予部分模型，如图7-216所示。

05 勾选"反射"选项，然后设置层强度为100%，"类型"为GGX，"粗糙度"为25%，"颜色"为亮黄色，如图7-217所示。

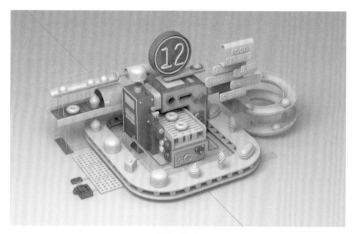

图7-216

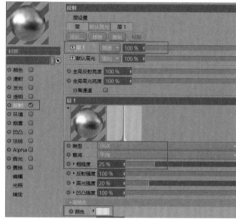

图7-217

06 勾选"颜色"选项，然后设置"颜色"为粉色，接着勾选"反射"选项，设置层强度为20%，"类型"为GGX，"粗糙度"为29%，如图7-218和图7-219所示。

07 将设置好的材质球赋予部分模型，如图7-220所示。

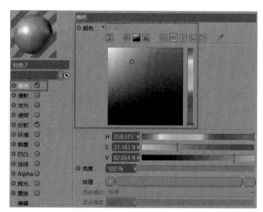

图7-218

图7-219

图7-220

08 设置6个纯色材质，这些材质都没有反射参数，如图7-221~图7-226所示。

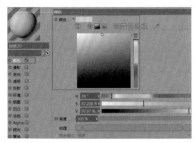

图7-221

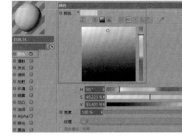

图7-222

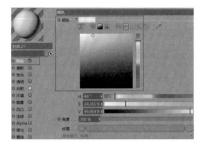

图7-223

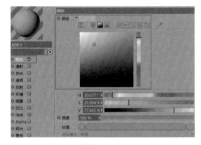

图7-224

图7-225

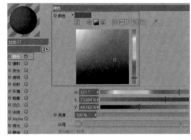

图7-226

09 勾选"颜色"选项，然后设置"颜色"为粉色，接着勾选"反射"通道，设置层强度为15%，"类型"为GGX，"粗糙度"为29%，如图7-227和图7-228所示。

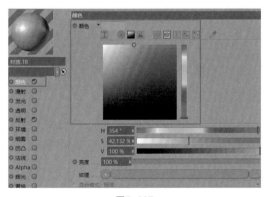

图7-227

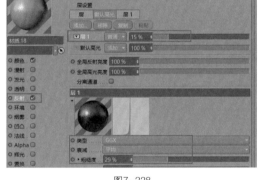

图7-228

10 勾选"颜色"选项，然后设置"颜色"为白色，接着勾选"反射"选项，设置层强度为7%，"类型"为GGX，"粗糙度"为15%，如图7-229和图7-230所示。

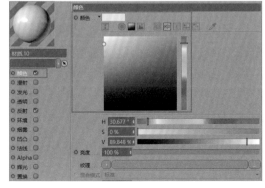

图7-229

图7-230

11 将设置好的材质球赋予部分模型，如图7-231所示。

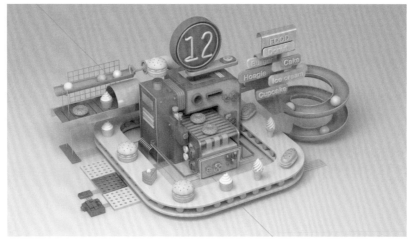

图7-231

12 下面设置地面材质。勾选"颜色"选项，然后设置"颜色"为深蓝色，接着勾选"反射"选项，设置层强度为6%，"类型"为GGX，"粗糙度"为27%，如图7-232和图7-233所示。

图7-232

图7-233

13 勾选"颜色"选项，然后设置"颜色"为浅黄色，接着勾选"反射"选项，设置层强度为15%，"类型"为GGX，"粗糙度"为20%，如图7-234和图7-235所示。

14 将设置好的材质球赋予地面模型，效果如图7-236所示。

图7-234

图7-235

图7-236

15 下面设置发光材质。勾选"颜色"选项，然后设置"颜色"为亮黄色，接着勾选"发光"选项，设置"颜色"为亮黄色，如图7-237和图7-238所示。

16 下面设置玻璃材质。勾选"透明"选项，然后设置"折射率"为1.4，如图7-239所示。

图7-237

图7-238

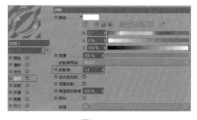

图7-239

17 显示出隐藏的玻璃模型，然后将发光材质与玻璃材质赋予相应模型，效果如图7-240所示。

18 勾选"颜色"选项，然后设置"颜色"为青蓝色，接着勾选"反射"选项，保持默认参数，如图7-241和图7-242所示。

图7-240

图7-241

图7-242

19 勾选"颜色"选项，然后设置"颜色"为浅橙色，接着勾选"反射"选项，设置层强度为11%，"类型"为GGX，如图7-243和图7-244所示。

20 将设置好的材质球赋予模型，渲染完成后的效果，如图7-245所示。

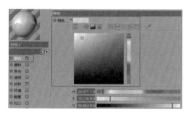

图7-243

图7-244

图7-245

7.2.4 后期合成

01 将渲染后的成图导入Photoshop，然后为图层添加"可选颜色"命令，接着调整"红色""黄色""青色""中性色"和"黑色"的参数，如图7-246~图7-250所示。

02 为图片增加一个"曲线"调节层，参数设置如图7-251所示，调节完成后的效果如图7-252所示。

图7-246

图7-247

图7-248

图7-249

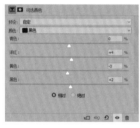
图7-250

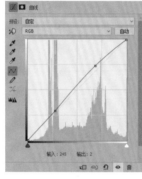
图7-251

图7-252

03 绘制一个暗角，如图7-253所示，然后以"柔光"模式叠加到画面上，最终效果如图7-254所示。

图7-253

图7-254